Henna Art

헤나아트

한지수

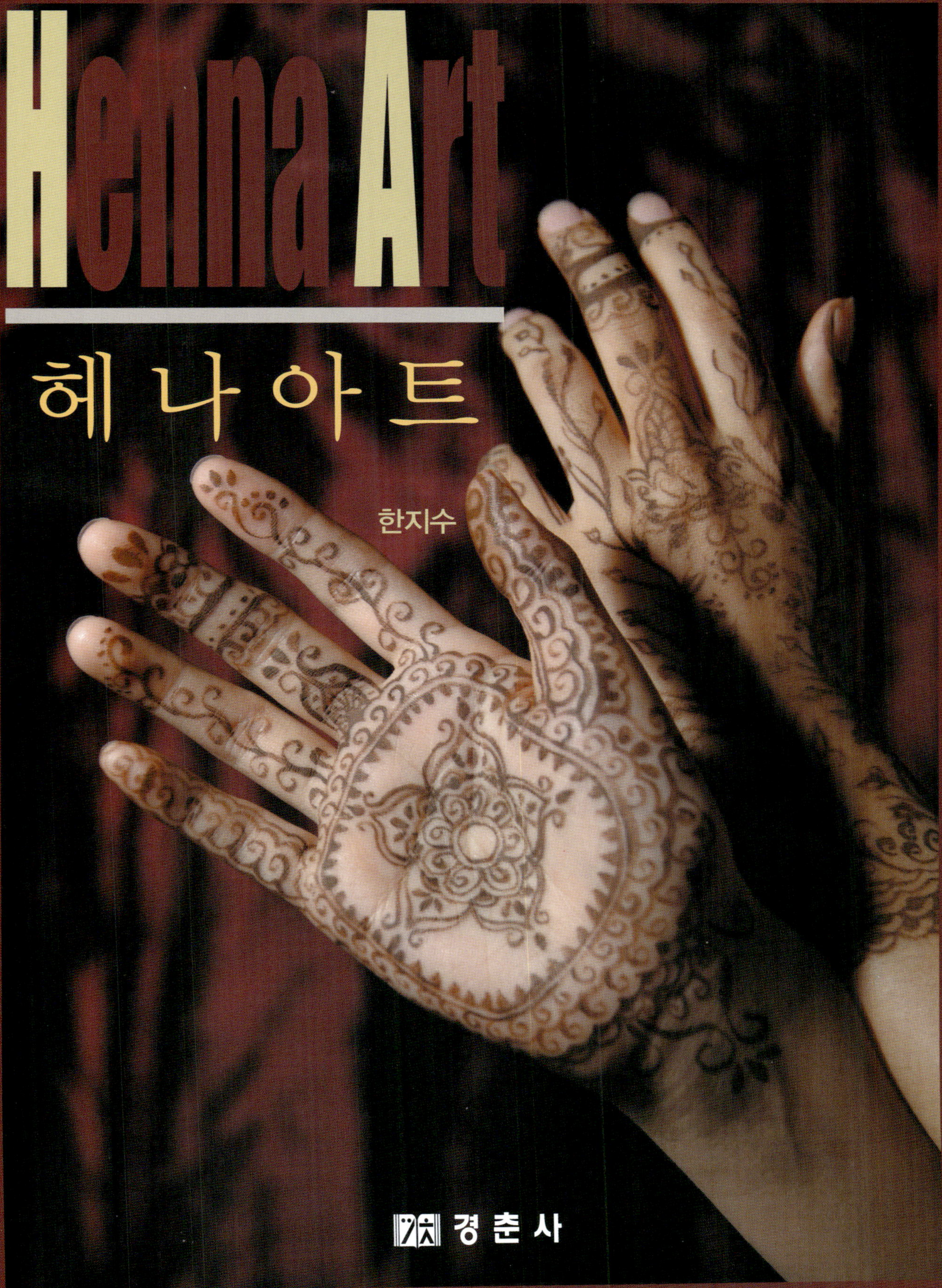

경춘사

헤나아트 HENNA ART

지은이 한지수
발행인 안 중 기
발행처 도서출판 경춘사
등록번호 제10-153(1987. 11. 28)

인 쇄 2008년 5월 15일
발 행 2008년 5월 30일

서울 특별시 마포구 공덕 1동 117-25
경춘빌딩 101호

전화 716-2502, 714-5246
팩스 704-0688

값 17,000원

ISBN 978 - 89 - 5895 - 048 - 6 93590

머리말
Preface

처음 이 책을 만들기 위해 많은 분들과 모여 여러 가지 방향도 잡고 여러 가지 의견을 수렴하며 조금이라도 더 나은 책을 만들기 위해 많은 노력을 하였습니다. 메이크업에 이은주 원장님, 사진을 찍어 주신 서학연 실장님, 자료 정리와 번역을 맡아 주신 권영주님, 처음 헤나를 제게 알려주신 안용찬 선생님, 그리고 한국헤나협회의 위원들과 협회 이사님, 등 많은 분들의 도움에 감사의 말씀을 드립니다.

여러 가지로 부족한 점이 아직 많지만 이제 헤나아트를 하는 분들에게 조금이라도 도움이 되고자 이 책을 내며 앞으로도 계속해서 작품 활동을 하며 보완 개정 할 것을 약속 드립니다.

현재 한국헤나협회를 통해 많은 헤나인들이 배출되어지고 있으며 작품활동과 세미나 등을 통해 헤나아트를 알리고 있으며, 이책을 쓰는데 있어 한국헤나 협회가 아낌없는 지원과 격려를 해주신데에 무엇보다도 감사를 드립니다.

아울러 이 분야에 관심이 있는 분들의 지도 편달을 부탁드리며 헤나 아트가 패션과 미용 분야에서 더욱 더 성장하며 발전하길 기대합니다.

2008년 5월

한지수

HENNA ART

Contents

01

헤나아트

SECTION 1 헤나의 소개

SECTION 2 헤나의 재료

SECTION 3 헤나 디자인

SECTION 1 헤나의 소개

1) 헤나란?

헤나란 헤나식물을 분말로 만들어 반죽을 한 후에 피부에 얹어 색을 내는 행위를 일컫는 말이다. 우리나라에 알려진 '헤나' 라는 명칭은 식물이름*이며 각 나라별 헤나 식물의 명칭은 여러가지로 불리워진다. 헤나는 국외에선 멘디(Mehndi)라는 명칭으로 더욱 알려져 있다.

헤나의 명칭은 멘디Mehndi, 메헌디Mehendi, 히나Hina, 헤나 등으로 전 세계에서 다양한 명칭으로 불러지고 있다.

2) 헤나의 기원

(1) 고대의 헤나

헤나의 가장 오래된 흔적은 약 5천년 된 이집트 미이라의 손에서 발견되었지만 기록문화가 발달하기 전부터 의식의 과정으로 전해져 왔고 민족의 이동과 문화의 교류를 통해 전해져 왔기 때문에 정확히 언제 어디서 시작되었는지는 확인하기 어렵다.

인도 서부 아잔타(Ajanta)와 알로라(Allora)의 동굴 벽화(BC 2C~AD 3C)에서 헤나로 장식한 여인들이 보여 지고 성경에 나오는 고벨화*가 실상 헤나인 것으로 알려져 이미 고대에서 부터 수세기 동안 행해져 온 것으로 추정될 뿐이다.

클레오파트라(재위 BC 51~BC 30)가 피부 및 머리칼의 상태를 좋게 하고 장식하기 위해서 헤나를 애용했고 헤나 오일을 향유로 사용했다는 기록이 있다. 또한 기원전 7,000년에 터키의 카탈후유크(Catal Huyuk)의 유물 중에서 비옥의 여신을 기리는 의미에서 손을 헤나로 장식한 공예품들이 발견되었으며, 바빌로니아, 아시리아, 수메르 등 고대 번영했던 문명들의 유물에서도 발견 되었다.

***식물이름**

Aradc : Alhenna, Henna, Henneh, Hinna, Yoranna
Belgaum : Iswan
Bengal : Mehendi, Mehndi, Shudi
Bhote : Simru
Bombay : Henne, Mendie
Burma : Dan, Dandin
Cambodia : Krapeu
Canarese : Goranta, Gorante, Goranthu, Korate, Madaranga
Central Provinces : Mehndi, Mhen야
Chinese : Tche Kia Hoa
English : Camphire, Cypress Shrub, Egyptian Privet, Henna Plant, Jamaica Mignonatte, mindie, Tree Mignonette
French : Alcana D orient Alkanna d Avicenne, Alkannad Orient, Henne, Racine a farder, Thomarhendi d Avicenne, Troene d Egypte
Hindi : Hena, Mehndi, Mhidi

***고벨화**

고벨화(Camphire) 구약성서에서 언급되는 식물로, 높이 2~3 m, 앞은 타원형이고 연한 녹색이며 매끄럽다. 꽃은 흰색 또는 황색이며, 작은 꽃으로 이루어진다. 꽃잎은 4개이며, 향기가 있다. 완두 크기 정도의 열매가 맺는다.

이슬람교의 경우에는 헤나로 손과 발을 장식하는 것이 일반적인 문화였고 그로인해 신비로운 힘을 갖게 된다고 믿어지고 이러한 믿음으로 이슬람교 전통의 일부로 전해져 축복, 보호, 재계의 목적으로 행해졌다. 예언자 마호메트도 턱수염을 염색하기 위해 henna를 사용했다고 한다. 이슬람의 종교 의식에 사용되어 이슬람교의 전파와 함께 헤나가 중동이나 북아프리카로 보급되었을 것으로 보인다.

힌두교(인도)의 경우에는 락쉬미(Lakshmi:힌두교의 번영의 여신)가 헤나 디자인에 머문다고 믿으며 이러한 믿음으로 인도 여인들은 그녀의 존재를 느끼고 은혜를 얻기 위해 헤나를 배우고, 자신의 손을 헤나로 장식하였다. 그렇지 않으면 불행한 결과를 낳을 것이라 믿었다.

또한 사람의 몸이 신에게 말을 건네기 위한 가장 좋은 매개물이라고 생각하였고, 특히 생명이 탄생되는 여성의 몸을 통해 신과의 대화를 나누려 했다.

고대 인도의 여인 초상화

헤나의 기원은 이처럼 정확한 시작을 확인하기는 어려우나 전통적으로 여성에 의해 행해져 온 예술이다. 한 세대에서 다음 세대로, 한 문화권에서 다른 문화권으로 그 방법과 문양이 수 천 년에 걸쳐 천천히 구전되어 널리 퍼지며 발달 했으며, 북아프리카, 아시아, 중동 또는 인도지역에서 단순히 아름다움을 표현하는 형식이 아닌 문양에 대한 상징성을 가지고 각자의 기원을 담아 헤나로 장식한 여인을 쉽게 찾아볼 수 있다.

여기서 공통적인 것은 왕실과 귀족, 율법학자, 성직자들 같은 상류층이 주로 사용했는데 헤나 아트는 신(神)을 경외하며 소원성취와 행복 그리고 건강을 준다고 믿었다. 그곳에서 기원한 것으로 전해오는 헤나는 그 후 모로코 등의 지중해 연안국과 몽골 등의 중앙아시아 지역의 귀족들에게 널리 전파되었다. 이 과정에서 헤나 디자인은 각 국가마다 종교와 문화, 관습, 사회상을 반영하며 독특한 문양으로 발전되었다. 사용자도 상류층에서 일반 대중으로 점차 확대되었다.

(2) 근세의 헤나

① 대중 속에서 전파

헤나 문신을 한 인도신부들

대중 속에 뿌리내린 헤나는 특별한 이벤트나 축하연을 위한 준비로 축복과 행운 그리고 즐거움을 바라는 마음으로 행해졌다. 스스로를 방어하고 행운을 가져다주며, 영혼의 건강뿐만 아니라 육체적인 건강도 제공하는 것으로 믿었다. 헤나 아트는 관례적인 의식에도 사용되었다. 헤나는 새로 태어난 아이들이나 할례를 기다리는 아이, 7살이 갓 된 어린아이들에게 금식을 하는 종교적인 의식에 참가하도록 허락하였고 어머니들은 그들의 손에 신에 대한 믿음으로 헤나를 염색해 주곤 했다. 12세기 몽골은 헤나를 인도, 중동에 소개했고, 인도에서는 오랜 기간 동안 헤나가 결혼예식의 중요한 부분을 차지하게 되었다. 이것은 귀족 전용 문화에서 일반인들이 결혼식 때 신부를 치장시키는 용도로 변해갔다. 말하자면 우리나라 신부가 연지곤지를 찍는 것처럼 중동, 인도의 신부들은 팔과 다리, 목이나 얼굴에 헤나를 그리는 것이 유사한 의미로 볼 수 있다.

② 다양한 문양으로 확대

헤나는 많은 나라와 지역에서 발달했고 각 지역의 고유한 문화와 사회상을 반영하며 더욱 다양한 디자인으로 발전했다.

일반적으로 아시아권의 디자인은 플로랄과 페이즐리 패턴으로 구성되었고, 아라비아나 아프리카나 디자인은 좀 더 큰 꽃의 모티브를 손이나 발의 중앙에 그려 넣었다. 또 중남미 디자인은 대담한 기하학적인 형태로 그려졌다.

(3) 현대의 헤나

① 헤나 아트의 부흥

Adelina Patti

헤나 아트를 패션으로 부흥시킨 것은 스페인 태생의 이탈리아 가수인 아델리나 페티(Adelina Patti)에 의해 약 19C 중반 경 다시 부활되었고 그녀가 1859년 뉴욕에서 데뷔를 할 때 미국에 처음 소개되었다. 그녀가 좋아했던 자줏빛을 띤 붉은색은 이른바 마호가니 색으로 수십년 간 인기를 끌었다.

아무로 나미에

② 인기스타와 헤나 아트의 발전

80년대 마돈나에 의하여 본격적으로 헤나 아트가 유럽에 소개된 후 선풍적인 인기를 끌며 스킨 아트의 한 장르를 이루었다.

최근 들어 일본에서는 이미 크게 유행중이며 락그룹 뿐 아니라 팝 뮤지션인 아무로 나미에 등을 비롯 우리나라에서는 가수 이정현, 샤크라, 리아, 신화 등 인기 연예인이 헤나 아트를 선보이고 있다. 그리고 패션 감각이 앞서가는 젊은 층을 중심으로 헤나 아트에 대한 열정이 우리나라에서도 급속도록 퍼지고 있는 현실이다.

선진국의 첨단 패션 아이콘(fashion icon)인 헤나 아트는 할리우드 스타와 미술가, 음악가, 예술가와 운동선수들이 영구적인 문신대용으로 선택하여 이용하고 있으며, 이는 일반 대중들에게까지 퍼져 남녀노소에게 선풍적인 인기를 끌고 있다. 첨단 패션으로 인식되는 헤나 아트는 나만의 독특한 개성을 나타내고자 하는 사람들이 주로 선호하고 있다. 특히 젊은 층일수록 과감한 무늬를 이용하고 어떤 단체를 상징하거나 통일성을 나타내고자 이용하기도 한다.

이러한 헤나아트의 유행경향이 점점 퍼져 헤나아트를 이용하여 주목받고 있는 사람들이 있다. 배우인 데미 무어나 그룹 노 다웃의 그웬 스테파니, 마돈나, 나오미 캠벨, 리브 타일러, 드류 배리모어, 미라 소르비노 등이 헤나를 애용하는 대표적인 연예인들이다.

이들은 전통 헤나뿐 아니라 헤나 아트를 통해 영구적인 문신을 패션에 접목하여 일시적으로 손 쉽게 컬러와 문양들을 현대적으로 재해석하여 아름답게 표현하고 있다.

3) 헤나의 의미

인류의 역사가 시작되면서부터 인간은 끊임없이 예술을 추구해왔다. 헤나의 오랜 전통을 가진 인도 역시 적어도 지난 5천여 년 동안 아름다움을 추구하기 위한 많은 창작활동들이 있었다. 앞에서도 말했듯이 신을 찬양하고 인간의 아름다움을 극대화시키기 위해 많은 장식 문화를 발달 시켰으며 인체를 그 중요한 매개물로 생각해왔다.

헤나는 북아프리카의 사막에서부터 인도 북부의 마을에 이르기까지 수천 년 동안 여인들에 의해 손과 발에 멋진 문양으로 표현되었다.

초기의 헤나는 신과의 대화로 여겨졌다. 모로코에서는 애니미즘(animism) 신앙을 토대로 헤나에 신비로운 힘이 깃들여 있다고 믿었다.

신화에 등장하는 헤나를 보면 인도 시바(Shiva:파괴의 신이자 힌두교의 강력한 신) 신의 배우자 파바티(Parvati)의 헤나에 대한 사랑이 지극했다고 한다. Shiva의 사랑을 받는다는 것은 곧 그의 보호아래 놓이게 된다는 것을 의미하기 때문에 헤나 문양은 단순한 장식용 그림이 아니라 신에게 받고자 하는 염원을 도형으로 형상화하여 마음을 담아 전하는 것이 된다.

또한 그들은 헤나 문양 속에 번영의 여신인 락슈미(Lakshmi)가 머무른다고 믿었다. 인도 여인들은 이러한 믿음으로 락슈미의 존재를 느끼고 그녀의 은혜를 얻기 위해 헤나를 배우고 헤나로 자신의 손에 그림을 그렸다.

신에 대한 대화의 수단으로서 행해지던 헤나는 점차 다양한 기원을 담아 행해졌다. 종교적 의식에서부터 작게는 개인의 기원을 표현하기 위한 수단으로 사용되었다. 로맨틱한 사랑과 결혼 의식에 관계되고 힌두, 모슬람, 세파르티 전통에서 혼례장식으로 없어서는 안 될 부분으로 자리 잡았다.

신과의 대화, 개인의 기원을 담는 헤나는 비밀스런 상징의 언어 이다.

상징은 뜻이 깊고 다양하여 매우 오래전부터 여러 분야에서 발달되었으며 헤나에서도 문양에 상징을 사용해왔다. 특정한 문양의 사용은 문양 자체가 가지는 아름다움뿐 아니라 문양 속에 내포된 여러 의미들에 더 많은 무게를 둔다.

고대로 거슬러 올라 갈수록 문양에 깃든 의미와 그로 인해 갖는 문양 자체의 힘에 대한 믿음이 강했으며, 현대로 오면서 의미는 점점 퇴색되고 아름다움을 추구하는 시각적 · 디자인적 방향으로 발달하게 되었다.

SECTION 2 헤나의 재료

1) 헤나 식물

헤나의 로소니아 이너미스(Lawsonia inermis L.)라는 학명의 작은 꽃이 피는 관목(Lawsonia inermis)으로 오래 전에 Australia에서 발견되고 Asia과 Africa의 Mediterranean 연안을 따라 발견된다. 또한 목서초(木犀草mignonette) 나무 또는 이집트의 쥐똥나무 일종(privet)으로 알려져 있다. 이것은 아열대 지역에서 관상용으로 재배되고 전 세계 많은 나라에서 자라났다.

헤나식물(Lawsonia inermis)

헤나식물은 2미터에서 3미터 높이로 성장하고 때때로 인도에서 정원이나 집을 둘러싼 울타리로 발견되기도 한다. henna 식물의 꽃은 작고 흰색이며 꽃잎은 4장으로 달콤한 향이 난다. henna가 비록 열대 기후에서 자라나긴 하지만 온실에서도 잘 자라기 때문에 어떤 다른 장소에서도 이용할 수 있다.

henna 식물에는 많은 다른 종류가 있다. 인도 북부 지방에서는 두 가지 주요한 henna 품종이 있다. 하나는 매우 큰 잎을 가졌고 hina menha야 또는 menhada로 알려져 있다. 다른 종류는 rajani로 알려져 있고 더 작고 더 향기로운 잎을 가졌고 매우 밝은 빛이 난다고 말했다.

인도에는 매우 많은 방언이 있기 때문에 henna를 나타내기 위해 사용되는 mehndi 외에 다른 많은 말* 이 이다.

***다른 많은 말**
인도에서 사용하는 헤나의 명칭 menhadi, mehendi, mehedi, men야, and Sanskrit에서 mendika

2) 헤나의 다른 기능

헤나의 가장 널리 알려진 기능은 헤어 염색이다. 헤나는 오래전부터 헤어용으로서 사용되어 왔다.

이외에도 인도와 북 아프리카에서 henna는 고대의 의학적 특성과 오랫동안 제공된 다른 기능들에 주목되었다. 방부제와 수렴제로의 사용은 부스럼, 햇볕에 의한 화상, 때로는 상처뿐 아니라 타박상과 염좌에 쓰이기도 했다. 이것은 백선(도장부스럼)과 두통, 땀이 많이 나는 손, 화상 입은 발, 운동선수 발 치료에 사용되었다.

피부에 닿았을 때 서늘하게 하는 효과(cooling effect)가 있기 때문에 henna 반죽의 동그란 덩어리는 열이 나는 어린이 온도를 낮추기 위해 손에 대기도 했다. 끓은 물에 henna 잎을 넣어 얻어낸 정제액은 목이 아플 때 치료를 위한 양치액으로 사용되었고, 강장제로 사용하고 복통을 경감시키기 위해 복용되었다. henna 식물의 껍질(수피)은 황당, 비장 확대, 그리고 다양한 피부병 치료에 사용되었다.

화장품으로의 henna는 머리칼과 피부에 보습 상태를 조절하고 활력을 주는 것으로 믿어졌다. 이것은 이를 죽이고 머리칼 손실을 막는 것으로 전해진다. 이것은 또한 coolling effect로 땀나는 것을 막아 탈취제(deodorant)로 사용되기도 한다.

헤나의 화장용 또는 의학적 기능 외에도, henna는 오랫동안 가죽과 천을 염색하는데에도 사용되어 왔다. 말의 발굽과 갈기뿐만 아니라(henna와 관련해 인도에서 mehndi의 기원에 관한 가설은 712년에 페르시안 말Persin horse로부터이다.) 벽, 동물, 그리고 우상에 henna로 그린 의식용 무늬는 흔히 볼 수 있다.

3) 헤나 제품과 유형에 따른 분류

(1) 내츄럴 헤나(Natural henna)

헤나 파우더

99.97% ~ 100% 내츄럴로 약간 싸한 느낌을 받지만 오히려 시원한 느낌을 받으며 유해한 피부 자극이 전혀 없다. 파우더 색은 녹색계열이며 디자인 직후는 오렌지색을 나타내지만 2 ~ 3시간 후 에는 밝은 적갈색으로 변한다.

디자인 후 2주가 지나면 색이 점점 옅어지다가 자연스럽게 흔적 없이 지워진다. 내츄럴 헤나는 주로 레드 헤나 와 그린 헤나가 있다.

① 레드 헤나 (Red henna) : 100% 내cb럴로 이루어져있다.

② 그린 헤나 (Green henna) : 약 99.97%의 내추럴과 0.03%의 그린 다이아몬드 색소로 이루어져 있다.

(2) 컬러 / 케미컬 헤나 (Color / Chemical henna)

① 컬러 헤나 : 내츄럴 헤나에 비해 색이 빨리 지워진다. 색상으로는 레드, 블루, 엘로우, 바이올렛, 블랙 등이 있다.

② 케미컬 헤나 : 약58% ~ 70%의 내츄럴 추출물과 약 30% ~ 42%의 화학성분이로 이루어져 여러 가지 색상을 연출한다. 하지만 화학성분 때문에 피부가 약하거나 알레르기가 있는 사람에게 부작용이 생길 수도 있다. 그러므로 처음 사용하는 사람은 꼭 스킨 테스트를 하고 사용 할 수 있도록 한다.

- 썬셋 레드 헤나(Sunset Red) : 디자인 후 적색을 나타낸다.
- 와인 레드 헤나 (Wine Red) : 디자인 후 적색을 나타낸다.
- 로얄 블루 헤나(Royal Blue) : 디자인 후 청색을 나타낸다.
- 골든 엘로우 헤나(Golden Yellow) : 디자인 후 황금색을 나타낸다.
- 레몬 엘로우 헤나(Lemon Yellow) : 디자인 후 레몬색을 나타낸다.
- 바이올렛 헤나(Violet) : 디자인 후 보라색을 나타낸다.
- 블랙 헤나(Black) : 디자인 후 검은색으로 나타낸다.

4) 헤나의 색

헤나색의 변화에 주목해 보면 헤나를 하는 지역에서는 헤나색의 변화가 인생의 변화에 비유된다. 스핑크스의 일화에서 보듯이 인생은 대체로 세단계로 나누어 볼 수 있는데 헤나색의 변화*도 3단계로 변화한다. 푸른잎의 색에서 반죽했을 때 나오는 짙은 갈색, 다음은 피부에 나타나는 오렌지색으로 시간이 지남에 따라 갈색으로 변화하는 것을 보고 인생의 변화에 비유하는 것이다.

헤나의 색은 고정되어 있지 않다. 피부에서도 계속 색이 변하게 되는데 이것 또한 인생의 변화와도 같다고 보는 것이다. 어떤 색이 어떻게 변화할 지는 아무도 알 수 없고 단지 변화된 색을 보고 해석 할 수 있을 뿐이다.

사람은 다 다르고 각자의 개성을 지니고 있듯이 헤나의 색도 각각 다르게 나오는 것이고 다르게 나오는 것을 신의 계시로 보거나 미래를

***헤나색의 변화**
1단계 : 푸른잎의 색
2단계 : 반죽상태는 갈색
3단계 : 피부에 표현되는 오렌지색

푸른잎의 헤나

점치는 수단으로 사용하는 것이다. 이렇듯 헤나는 인간의 정신세계에 깊이 관여되고 인간이 모르는 미지의 세계를 시각화하는 데 사용되었다.

5) 발색과 발효

(1) 색내기

헤나에는 로손(Lawson) 또는 헤노타닉산(Hennotannic acid)이라는 탄닌 성분이 들어있다. 이 물질이 천연재료를 만나 활성화되어 갈색계열로 염색될 수 있는 상태가 된 후 산소와 접촉되면 비로소 색을 내게 된다.

헤나 가루의 색은 초록색을 띠며
모로코의 품질이 좋다

헤나로 피부를 장식하는데 있어 색이 진할수록 효과가 크므로 발색을 향상시키는 요인들을 찾아내야 한다. 발색을 향상시키는 요인들은 다음과 같다.

① 좋은 재료 : 질이 좋고 신선한 헤나를 구입하는 것은 매우 중요하다. 인도, 이슬람, 중동, 모로코 등에서 헤나를 쉽게 찾을 수 있는데 그 중에서도 인도 북부 라자스탄 지방에서 재배된 헤나가 최상급으로 알려져 있다. 여러 번 테스트를 통해 좋은 헤나를 선별해야 겠지만 대체적으로 분말의 색이 선명한 녹색을 띠고 헤나 특유의 향이 강한 것이 좋다. 구입한 헤나 분말 밀봉하여 햇빛이 닿지 않는 서늘한 곳에 보관하여야 하며 가능하면 빨리 사용하는 것이 좋다.

② 탄닌 성분 활성화 : 많이 알려지고 흔하게 사용되는 것으로 홍차, 커피, 레몬, 라임이 있고 그 외에도 장미 꽃잎, 석류, 검은 호두껍질, 카르다몸(cardamom), 호로파(fenugreek) (콩과 식물)종자, 파프리카, 심황뿌리 가루, 타마린(tamarind) 열매 등이 있다.

③ 착색성분의 고정 : 매염제라 불리는 것으로 색의 강도와 지속성에 영향을 준다. 가장 많이 사용되는 것은 시트르산(citric acid)으로 레몬이나 라임에서 얻을 수 있다. 그 외에도 식물 추출의 에센

스 오일들이 있는데 유칼립투스, 티트리 등이 있다. 이들 모두 천연물질이지만 체질에 따라 알러지 반응을 나타낼 수 있으므로 주의해서 사용해야 한다.

④ **온도** : 헤나는 식물 성분이지만 색을 내는 과정은 모두 화학적 작용을 한다. 화학작용에는 열과 반응 시간이 중요한 요인이 된다. 특히 헤나의 착색 과정은 열을 흡수하는 반응이므로 반죽을 만드는 것에서부터 피부에 그려 건조 시킬 때까지 온도가 높을수록 반응이 더 잘 일어나 발색이 좋아진다. 이런 이유로 신체부위별 헤나의 발색 정도가 달라질 수 있다.

⑤ **시간** : 반응 속도에 맞는 적당한 시간이 필요하다. 반죽을 하고 숙성 시키는 시간이 그것 인데 반응이 충분히 일어날 수 있게 해주어야 색을 빠르고 진하게 낼 수 있다. 또한 피부위에 반죽을 문양대로 올려놓은 후 피부와의 접촉 시간이 길수록 색이 진하게 나온다. 최소한 4시간에서 최대 하루까지 보전하면 효과적인데 이를 위해 레몬 슈가액*을 이용하기도 하고 랩 등을 이용하여 헤나가 그려진 부위를 감싸서 고정하기도 한다.

(2) 레몬슈가

헤나의 정착액으로 사용되며 100% 레몬 즙과 설탕을 3:1의 비율로 잘 섞어 만든다. 헤나를 피부에 그린 후 어느 정도 마르기 시작하면 이 레몬 슈가액을 면봉에 묻혀 문양 위에 가볍게 두드리듯 하여 헤나를 촉촉한 상태로 만들어 주고 여러 번 반복하는 것이 효과적이다.

재료	도구
100% 레몬즙 : 3 티스푼 설탕 : 1 티스푼	가는 채, 유리그릇, 면봉, 붓.

레몬즙과 설탕을 혼합한 것으로 헤나가 피부 깊숙이 침투하도록 도와주기 때문에 훨씬 착색이 잘 된다. 혼합방법은 아주 간단하기 때문에 시술 전에 바로 혼합하여 사용하면 된다. 혼합순서는 다음과 같다.

① 불순물이 전혀 들어가지 않은 레몬즙을 유리그릇에 넣는다.

***레몬 슈가액**
헤나를 피부에 그려 디자인후 말라서 굳어 떨어지는 것을 방지하기 위해 레몬 슈가액을 굳기 시작할때 발라주면 피부에 더 오래도록 흡수 시킬수 있어 진한 헤나 색을 얻을 수 있다.

② 설탕을 레몬즙에 넣고 잘 섞어 설탕이 녹을 수 있도록 잘 저어 준다.

③ 레몬즙과 설탕을 이용한 정착제를 사용할 때는 반드시 디자인한 헤나가 어느 정도 건조되었을 때 사용해야 한다. 면봉으로 정착제를 묻혀 약간 건조된 헤나 디자인 위에 가볍게 두드리면서 바른다. 두드릴 때 헤나 문양이 망가지지 않도록 주의해야 하며 문질러서는 안 된다.

이 방법 외에 보다 간편하게 하려면 레몬즙과 설탕을 혼합한 물을 헤나 반죽에 부어서 함께 혼합을 한다. 반죽이 덩어리 지지 않도록 잘 저어 준 다음 하루 밤 정도 놓아둔다. 다음날 유칼립투스 오일을 넣고 다시 잘 섞어 콘에 넣고 사용한다. 이 방법은 일종의 편법인데 색은 피부에 스며들더라도 색이 진하거나 오래가지는 않는다. 일부 고객 중 문양에 대해 싫증을 느껴서 자주 바꾸길 원하는 사람은 이런 방법이 좋다.

레몬즙과 설탕. 레몬즙과 설탕은 3:1 비율이 적당하다.
레몬즙에 설탕이 다 녹을때까지 잘 저어주어야만 한다.

SECTION 3 헤나 디자인

헤나 디자인에 대하여 설명하기에 앞서 정확한 의미를 전달하기위하여 다음과 같이 용어를 정의하고자 한다.

헤나 : 식물로서의 헤나
헤나 파우더 : 헤나를 분말 형태로 만든 것
헤나 반죽 : 헤나 파우더로 헤나 디자인을 할 수 있게 만든 반죽
콘 : 헤나 반죽을 담는 용기
헤나 콘 : 콘에 헤나 반죽을 담아 헤나 디자인을 할 수 있게 만든 것

1) 헤나 반죽하기

오랜 역사를 갖고 발달해온 헤나는 반죽하는 방법과 사용 재료 또한 매우 다양하다.

여기에서는 쉽게 구할 수 있는 헤나 재료를 사용하여 헤나를 할 수 있는 방법을 소개 하려 한다. 그러나 이것이 좋은 결과를 얻기 위한 최상의 방법은 아니며 다양한 시도를 통해 자신에게 맞는 방법을 찾는 것이 중요하다.

헤나를 반죽하기 위한 가장 기본적인 재료

준비물 : 헤나 가루 2/3컵(일반 종이 컵 기준), 오일, 홍차 잎, 레몬즙

홍차 용액 만들기 : 홍차 잎 반 컵에 물을 약 4컵 정도 넣고 뚜껑을 닫은 채 약한 불에 끓인다. 이때 말린 레몬이나 라임 조각을 넣으면 더 효과적이며, 10분이상 약한 불에서 끓이고 난 후 사용하기 전까지 홍차 잎을 계속해서 우려지도록 넣어둔채 식혀준다.

① 헤나 가루 체로 거르기 : 가루에 포함 된 헤나 섬유질 등의 불순물을 제거하기 위한 것으로 여러번 걸러주는 것이 좋다.

(헤나의 양은 사용용도에 따라 다르지만 일반적으로 10g정도가 적당하다.

② 천연헤나에서 걸러진 불순물

③ 홍차용액과 헤나 반죽
미리 만들어 둔 홍차용액과 불순물을 걸러낸 헤나가루를 함께 섞어 반죽 할 수 있도록 준비한다.

④ 헤나 가루 1차 반죽 : 헤나 가루에 진하게 우려낸 홍차를 넣고 치약 정도의 점도로 잘 섞어준다. 이때의 비율은 1:1로 하는 것이 일반적이다.

⑤ 1차 숙성 : 잘 반죽한 헤나는 랩을 씌어 공기가 통하지 않게 밀봉하여 25~30 ° C 정도에서 24시간 숙성 시킨다.

⑥ 2차 숙성 : 숙성된 1차 반죽에 요플레 정도의 점도로 반죽할 수 있도록 레몬즙을 첨가 한다.

⑦ 여기에 카제풋 또는 티트리 오일을 8~12방울 첨가한다. 이때 레몬즙의 양은 티스푼으로 4~6 스푼 정도가 적당하다. 오일 이외에 유칼립투스, 라벤더, 제라늄 오일 등을 사용할 수 있다.

⑧ 헤나 반죽의 점도가 콘을 사용하여 그리기에 적당한지 확인한다. 이때 너무 묽지않게 요플레 정도의 점도인지 확인하도록 한다.

인도에서 헤나를 반죽한 우콘을 사용하지 않고 가는 막대를 사용하여 그대로 그려주기도 한다.
이는 헤나의 굵기가 일정하지 않으므로 경험이 많을 경우에만 가능하다.

2) 콘 만들기

헤나 반죽을 만들어 피부에 시술하기 위해선 도구가 필요한데 그것이 바로 콘(cone)이다. 다른 용기에 담아서 사용하기도 하지만 일반적으로 쉽게 만들 수 있고 가장 유용하게 사용할 수 있는 도구는 콘이다.

① 얇고 탄력이 없는 비닐을 가로, 세로 약 15~20cm로 사각형(정사각형)형태로 자른다.

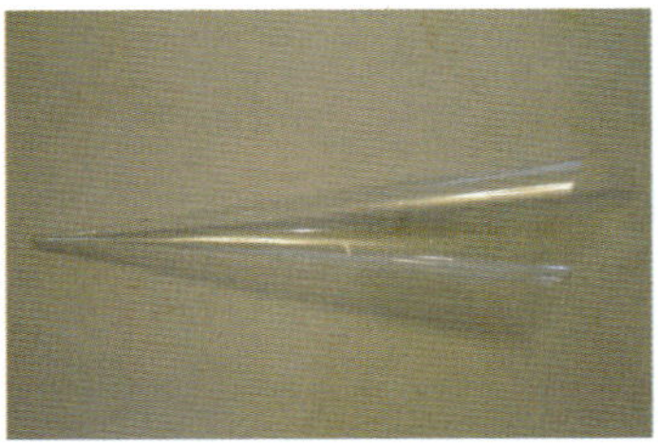

② 비닐의 중심부분을 향해 끝부분이 뾰족해 지도록 모서리 부분을 잘 잡고 조금씩 잡아당겨 고깔 모양이 되게 접는다.

판매하는 콘의 형태

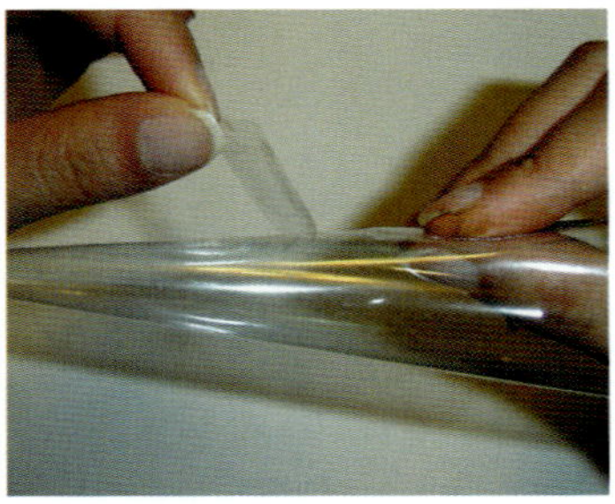

③ 형태를 만들고 난 후 틀어지지 않도록 스카치테이프로 꼼꼼히 붙인다.

④ 앞부분은 헤나 반죽을 넣기 전에 반죽이 새어 나오지 않도록 테이프로 막는다. 이 부분은 사용 후 다시 밀봉하여 공기의 접촉을 차단한다. 대략 콘의 2/3정도까지 헤나 반죽을 넣는다.

⑤ 윗부분은 접을 때 앞뒤로 한번씩 접은 후 다시 한 번 테이핑 한다. 테이핑 후 가운데부분을 살며시 누르며 양쪽 끝을 눌러 안쪽으로 모아 윗부분이 둥근 사각형의 모양으로 테이핑하고 정돈한다.

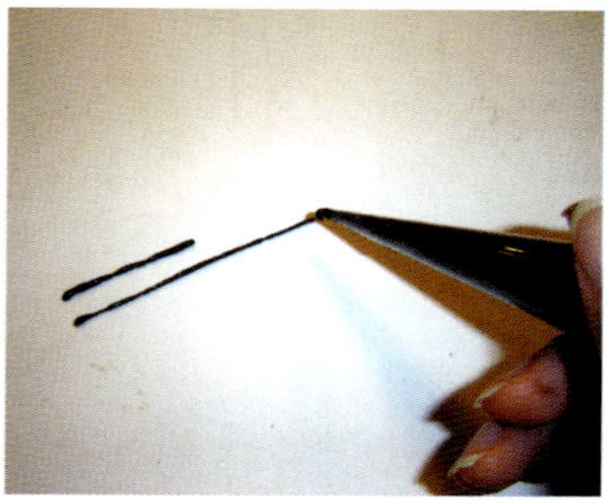

⑥ 사용시 앞부분의 테이프를 떼어 내고 헤나가 같은 양으로 일정하게 잘 나오는지 테스트 한다.

제작된 헤나 콘은 직사광선을 피하여 보관하여야 하는데 이렇게 만들어진 콘에 담겨진 헤나반죽은 보관하는 장소의 온도나 습도에 따라서 변할 수 있다. 직사광선과 공기의 접근을 최대한 막아야하며 대략 1주일 정도 보관하여 사용할 수 있다.

콘은 위와 같이 비닐로 직접 만들어 사용할 수 있으나 시중에서 만들어져 있는 콘을 구입하여 사용 할 수도 있다.

콘의 형태 만드는 방법

①

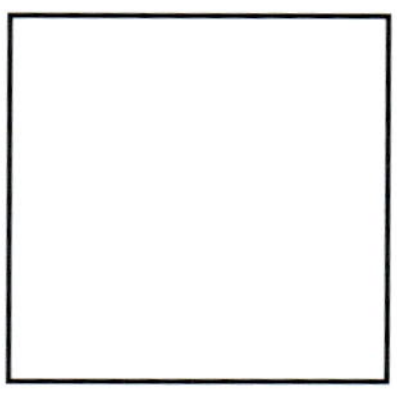

15cm정도로 정사각형 형태로 비닐을 자름.

②

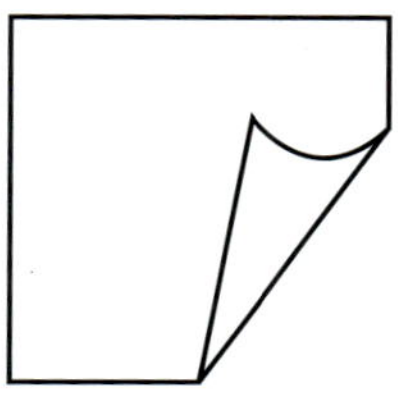

아랫면의 중심부분을 삼각형 형태로 말아준다.

③

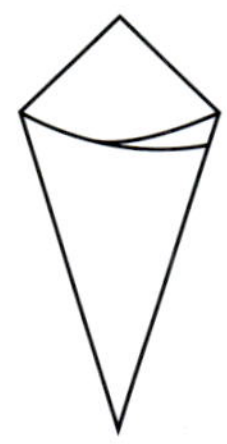

아래쪽에 작은 구멍이 생기도록 형태를 만들고 스카치 테이프로 고정.

④

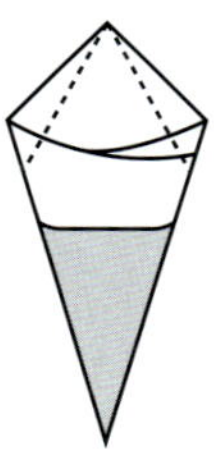

콘에 2/3정도 헤나를 담는다.

⑤

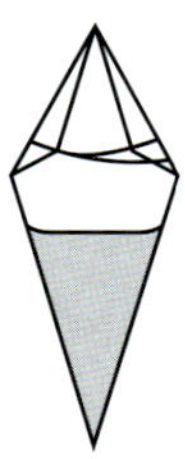

윗부분을 삼각형이 되도록 접는다.

⑥

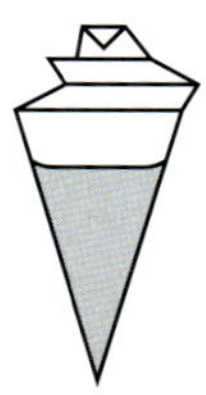

콘의 윗부분을 고정하여 윗부분이 사각형의 형태가 되도록 테이프로 고정한다.

⑦

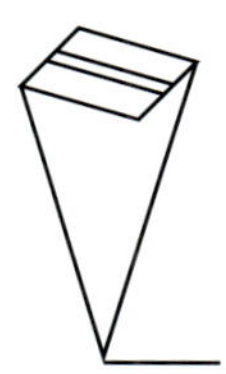

콘의 구멍을 통해 헤나가 잘 나오는지 테스트 한다.

스텐실(Stencil)

스텐실은 콘으로 하지 않고 스티커 모양의 디자인 문양을 피부에 부착 후 헤나를 발라주어 디자인을 만든다. 그러므로 헤나 디자인 기술을 잘 모르는 사람들이 문양을 직접 만들고 싶을 때 사용하면 편리하다. 그러나 헤나 재료의 소모가 많이 되는 점과 제한된 디자인만 그리게 되는 한계, 그리고 문양이 그리는 것 보다 깨끗하게 나오지 않는 단점이 있다.

① 오일을 바른 후에 스텐실을 부착시킨다.
② 선이 정교하게 나올 수 있도록 뜨는 틈새 없이 손으로 눌러 준다.
③ 헤나를 문양에 칠해주고 디자인이 다 끝나면 살짝 떼어낸다.

3) 피부 테스트

내추럴 헤나와 달리 케미컬 헤나는 화학성분이 가미되어 피부가 약하거나 알레르기가 있는 사람에게 부작용이 나타날 수도 있다. 이러한 것을 방지하기 위해 피부 테스트는 꼭 필요하다.

처음 시술하는 경우에는 알레르기가 있는지 확인하고 만약 가려움증이나 붉은 반점 등이 보이면 즉시 반죽을 지워야 한다. 알레르기에 반응하는 고객은 매우 드물게 나타나며 그 범위는1/100,000로 측정된다.

(1) 테스트 방법

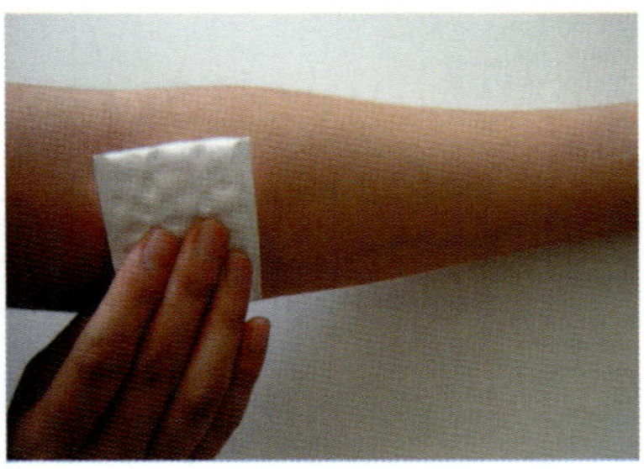

1단계 : 우선 팔 안쪽 또는 귓볼의 뒤쪽 피부를 깨끗이 씻고 탈지면으로 가볍게 닦는다.

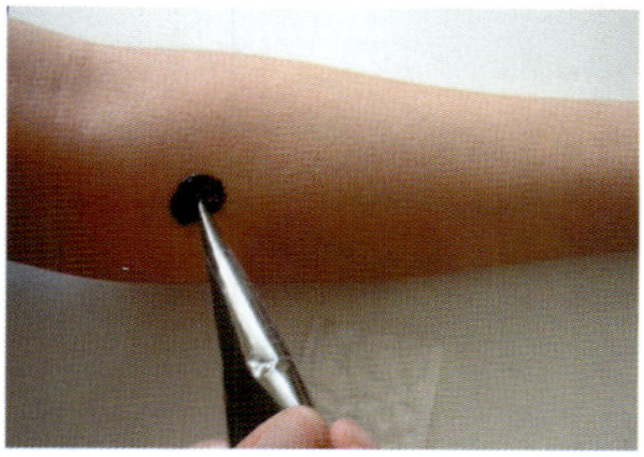

2단계 : 사용할 헤나 반죽을 준비한후 우선 세척 부위에 동전 크기로 헤나를 바른다.

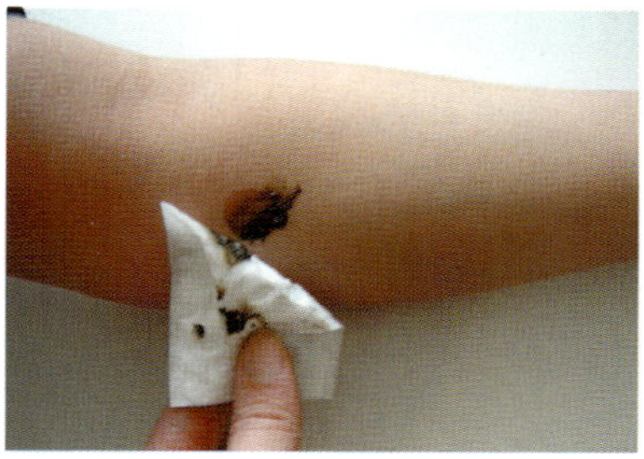

3단계 : 30분 ~ 1시간 동안 피부테스트를 하며 만약 가렵거나 통증이 있으면 바로 지워낸다.

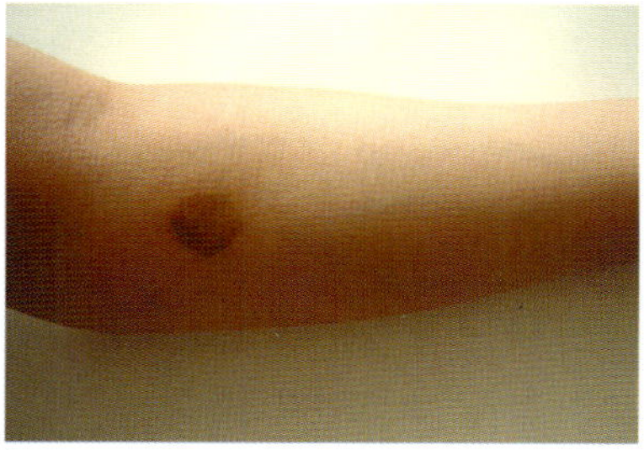

4단계 : 30분 ~ 1시간 후에 이상이 없는 것을 확인하여 디자인을 하고, 테스트 시간이 지난 이후에도 가렵거나 부기, 자극 등의 이상을 느낄 때는 바로 씻어내고 시술해서는 안 된다.

(2) 주의사항

① 다음에 해당하는 경우는 사용을 금한다.

- 피부 실험에서 발열, 수포 등의 이상이 생겼을 때
- 두피, 안면, 목등에 종기, 상처, 피부병이 있는 경우

② 다음 경우에는 신중히 사용한다.

특이체질 또는 신장질환, 혈액질환, 피부질환 등의 병력이 있는 사람은 피부과 전문의사와 상의하여 사용해야 한다.

③ 부작용

헤나 사용 중 염증 등 이상이 생겼을 경우에는 피부과 전문의사의 진찰을 받아야 하며 이상 부위를 손이나 물체로 긁어서는 안 된다.

④ **헤나 제품 시술시의 주의사항**

- 헤나 제품 및 씻어낸 물이 눈에 들어가지 않도록 주의하고 만일 눈에 들어갔을 때는 우선 흐르는 물로 잘 씻어내고 바로 안과 전문의의 진단을 받아야 한다. 자신의 판단으로 안약 등을 사용해서는 안된다.
- 면도 직후에는 가급적 헤나 디자인을 하지 않는다.
- 철 재류 또는 목각 펜이나 막대로 헤나 디자인을 해서는 안다. 상처나 긁힘에 의해 피부에 헤나 액이 침투되어 영구적인 문양이 남을 수 있다.

4) 헤나 그리기 과정

(1) 초보자 과정

① 헤나는 해외에서는 한국보다 더 많이 알려져 있으며 쉽게 초보자들이 자신이 직접 헤나를 할 수 있도록 교본과 문양집, 재료등을 접할 수 있다. 헤나에 관련된 많은 서적 중 재료가 함께 있는 책으로 자신이 직접 헤나를 그릴 수 있다.

② 헤나 문양(전사지) : 전사지에는 이미 헤나 문양이 그려져있으므로 헤나를 처음 시작하는 초보자나 일반인들이 문양을 잘 그리지 못할때 사용 할 수 있는 밑그림이다.

㉠ 오일이나 전사용액을 바른후

㉡ 선이 정교하게 나오도록 전사지를 원하는 부위에 손으로 꼼꼼히 눌러준다.

㉢ 이때 오일이나 전사용액이 너무 많으면 피부에 복사할때 번질 수 있으니 주의한다.

㉣ 밑그림이 완성되며 그위에 문양을 따라 헤나를 조심스럽게 그려준다.

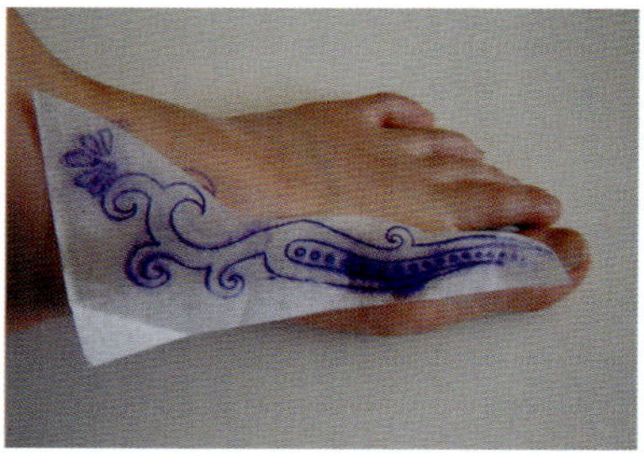

③ 헤나를 어디에 그릴 것인지 위치를 결정한 후 전사지를 대고 전사용액 또는 오일을 묻혀 복사한다.

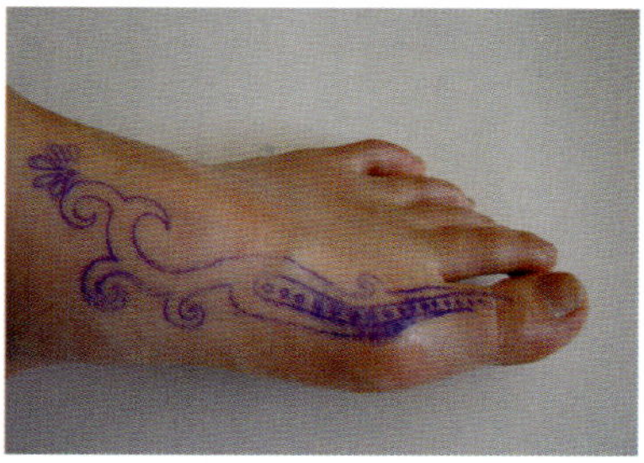

④ 복사된 문양의 모습

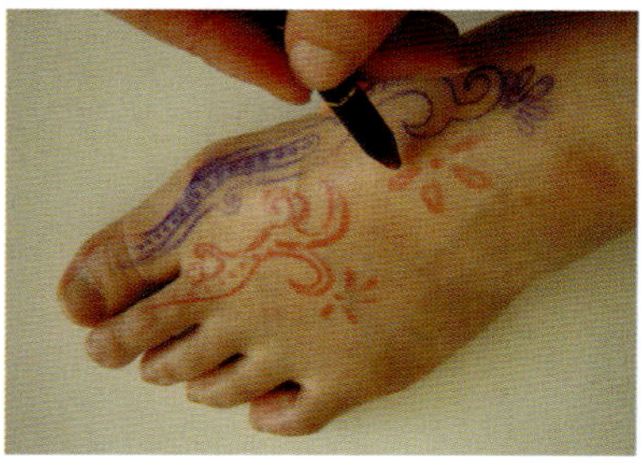

⑤ 초보자의 경우엔 헤나를 바로 그리기가 어려우므로 이처럼 전사지를 사용하거나 립라이너 또는 아이라이너 등을 사용하여 피부에 자극없이 헤나를 하기전 밑그림을 그려준다.

⑥ 헤나로 밑그림을 따라 그 부위에 그림을 그린다.

⑦ 헤나로 밑그림 위에 다 그린 모습
헤나를 하는 동안 몸이 따뜻하면 헤나가 더 잘나오므로 따뜻한 차등을 마셔 몸이 차가워 지지 않게 해준다.

⑧ 1~2시간 후 헤나 부위가 굳으면 붓이나 면봉을 사용하여 그 위에 레몬 슈가 용액을 발라 준다. 굳으면 2~3회 반복한다.

⑨ 굳은 헤나가 떨어지지 않도록 랩을 씌어주고 특히 밤에 잠을 잘때는 꼭 랩을 씌어 8시간 이상 지속한다.

⑩ 일정한 시간이 지난 후 면봉에 오일을 묻혀 굳은 헤나를 털어내고 물을 묻히지 않는것이 헤나를 더 오래 유지시킬 수 있다.

⑪ 헤나를 다 털어낸 모습

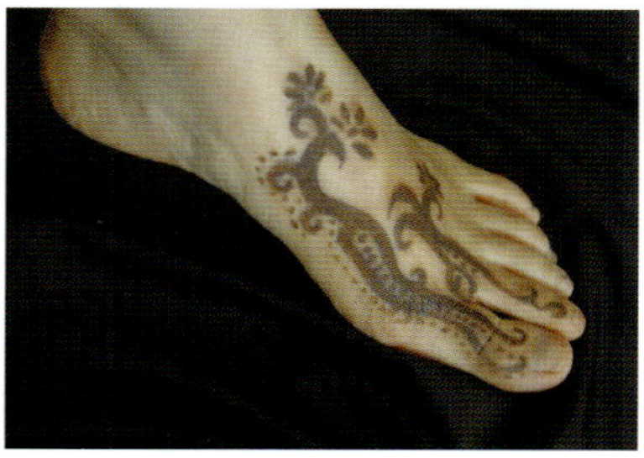

⑫ 헤나는 첫날보다 2~3일째 색이 더 선명해지는 특징이 있다. 하루가 지나 물로 닦아내도 헤나는 이렇게 피부에 염색되어 나타나며 10~15일 정도 지속된다.

(2) 헤나 그리기의 참고사항

(1) 그리고자 하는 신체부위를 잘 닦고 말린다. 털이 있는 부위나 각질이 많은 부위는 시술하기 하루 전에 털을 제거하고 각질은 스크럽 제품으로 문질러 피부 상태를 깨끗하게 만든 후 시술하는 것이 좋다.

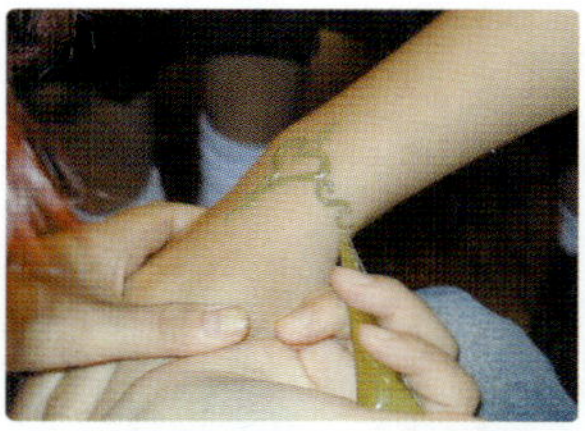

콘을 사용하여 헤나를 그리는 모습

(2) 콘으로 그림을 그리며 밑그림이 없는 경우엔. 그림을 그리기 전 자신이 생각하는 문양을 마음속으로 그리는 순서와 완성된 크기를 상상해 본다. 처음 콘을 사용할 때는 헤나 반죽이 잘나오는지 테스트하여 한번 짜보고 일정한 굵기로 헤나 반죽이 나오는지 확인을 해야 한다. 면봉과 이쑤시개를 준비하여 잘못 그려진 부분을 수정할 때 요긴하게 사용할 수 있다.

(3) 디자인을 모두 그린 다음 잠시 휴식을 취하고 헤나를 건조시킨다. 건조시키는 동안에도 계속 마르는 과정을 수시로 체크해야 한다. 헤나가 건조될 때 금이 가거나 광택이 나는 것 보다 일정하게 균열 없이 마르는 것이 잘 된 반죽이다.

건조할 때 어떤 사람은 자외선 조명을 쬐거나 건조기나 헤어드라이어를 사용하는데 이는 균열의 원인이 되고 색의 침투가 일정하

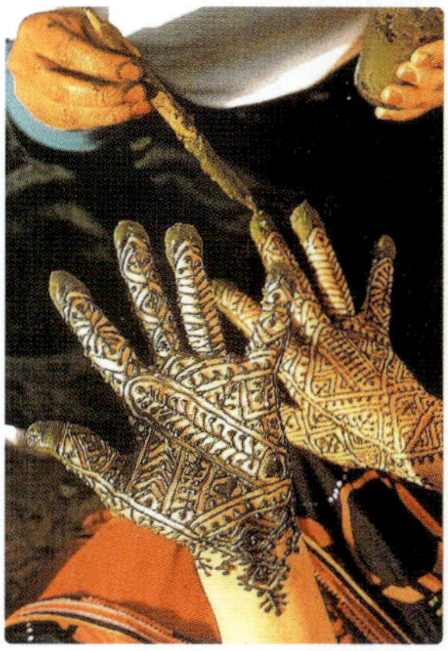

붓이나 나무막대등을 이용하여 헤나를 그리는 모습

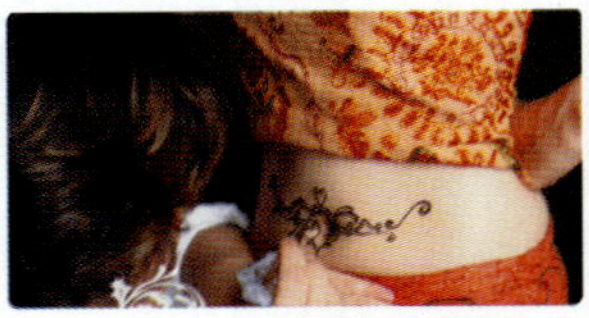

게 되지 않을 수 있다. 자연 건조가 가장 좋은 방법이다.
쓰고 남은 헤나 반죽은 공기가 들어가지 않도록 뚜껑을 잘 막아서 3일에서 7일 안에 다시 사용할 수 있다. 서늘하고 직사광선이 없는 실온에서 보관하는 것이 좋다.

(4) 다자인이 모두 건조 되고 레몬즙과 설탕을 혼합한 정착액을 바르고자 할 경우 붓이나 면봉에 정착액을 묻혀서 헤나 문양 위에 살살 두드리면서 바른다. 이렇게 3~4회 정도 반복한다. 정착액을 묻히고 디자인한 헤나 반죽의 색이 어두운 색 또는 검은 색으로 변하면 이제 더 이상 정착액이 필요 없다는 신호로 헤나반죽이 완벽하게 피부에 스며들었다는 뜻이다.

(5) 시술하는 장소는 반드시 따뜻해야 한다. 열은 헤나가 피부에 침투하는데 없어서는 안 될 요소이다. 실내를 따뜻하게 하고 고객에게 시술하는 동안 따뜻한 음료를 권하는 것도 잊어서는 안 된다. 헤나를 그린 신체부위는 다른 부위의 체온보다 차기 때문에 헤어드라이어나 다른 인위적인 방법으로 건조 시키게 되면 앞에서 언급한 것처럼 좋은 결과를 가져올 수 없다. 피부에 촉촉하게 남아서 체온으로 서서히 마르는 것이 피부 깊숙이 침투되고 색도 오래도록 남는 것이다. 이것이 또 하나의 포인트다.

* 출처 : 한국헤나 협회

(6) 피부에 시술한 헤나는 가급적 6시간에서 12시간이 지난 후에 떼어내는 것이 좋다. 더 오래도록 간직할수록 더 오래 남아 있는다. 잠을 잘 때도 멘디 문양 위에 랩을 올려 놓아 디자인이 흐트러지는 것을 막는 것이 좋다.

(7) 헤나를 떼어내기 위해서는 면봉에 식물성 오일을 묻혀서 마른 헤나 위에 살 살 문지르면 아주 쉽고 빠르게 떨어지면서 색이 선명하게 나타난다. 떼어낸 후 최소 5시간 동안은 물을 묻히지 않는 것이 바람직하다.

위와 같이 시술한 헤나는 디자인한 당일보다 하루 후부터 약 3일정도 서서히 진해지고 약 15일 정도 유지되면서 서서히 지워진다. 그러나 사람에 따라 헤나의 색이 유지되는 기간은 차이가 있다.

디자인된 헤나문양을 양손과 팔에 시술한 모습.
헤나는 손으로 직접그리는 수작업이므로 항상 동일한 모양을 기대할 수 없다. 시술자가 얼마나 고객의 용도에 맞게 빠르게 아름답게 디자인 할 수 있는지가 중요하다.

신랑과 신부
신랑과 신부를 주제로 하여 망고와 하트등을 넣어 신랑 신부의 행복한 미래를 축원하는 마음을 담아 디자인한 헤나 문양 디자인

* 출처 : 한국헤나 협회
본 저자가 강사인증 시험을 위해 헤나 작품을 디자인하고 시현한 작품임.

02

피부학

SECTION 1 피부와 세포

1) 피부의 구조와 기능

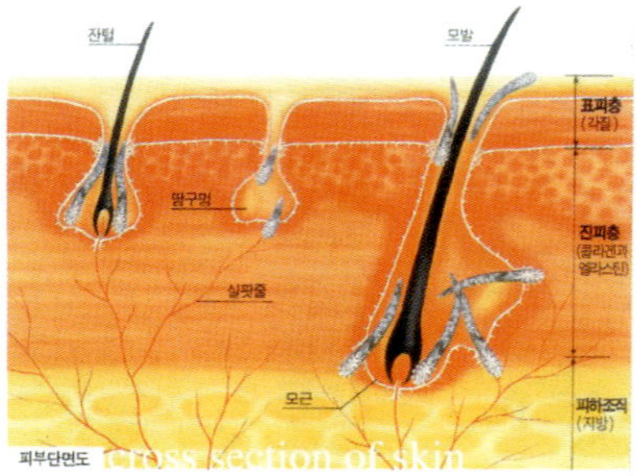

피부의 단면도

(1) 피부의 표면

① 피부의 구조

피부 표면에는 미세한 주름이 종횡으로 불규칙 또는 어느 정도의 규칙성을 가지고서 삼각형, 사각형 혹은 복잡한 모양을 하고 있다. 이 주름의 홈을 피부소구(furrow)라 부르고, 피부소구로 둘러 쌓인 부분을 피부 소릉(hill)이라고 한다.

피부 소구와 피부 소릉이 만나는 곳에는 모공이 있어 피부 표면을 향하여 털이 나와 있고, 피부 소릉에는 땀구멍이 열려 땀을 분비하는 모공이 있다.

② 피부의 작용

피부소구와 피부 소릉이 만드는 피부의 결은 신체부위에 따라 다르다. 특히 관절 부위에서는 움직이는 방향과 직교하는 큰 피부소구가 있어, 피부가 그 방향으로 크게 신축하기 쉽도록 되어 있다.

또한, 손 · 발가락 끝은 물건을 잡을 때 미끄러지지 않도록 이루어진 특수한 구조인 지문이 있는데 다른 부위와는 달리 평생 변하지 않고 사람마다 특징이 있어 우리가 알고 있듯이 범죄조사에 이용하고 있다. 그러나 지문 이외 다른 부위의 피부는 나이에 따라 피부결이 변하고,

특히 옷으로 가려지지 않는 노출부위에서는 자외선이나 건조한 환경의 영향을 받아 많이 변하게 된다.

이러한 원인들이 피부의 결을 고르지 못하게 하거나 주름을 발생시키는 원인으로 작용하고 있다. 따라서 같은 헤나 재료를 사용해서 디자인해도 색상이 다르게 나타나는 이유인 것이다.

(2) 피부의 내면

피부는 바깥쪽에서부터 크게 표피, 진피, 피하조직의 세 부분으로 이루어져 있다. 그 중 표피와 진피를 합친 두께는 연령, 성별, 신체부위에 따라 다르지만 대체로 약 1 ~ 3mm의 범위에 있다.

신체부위별 피부의 두께

부피	표피+(mm)
정수리 부분	2.35
볼	1.53
눈꺼풀	0.60
가슴	1.30
등	2.30
상완내측	1.45
손등	1.10
둔부	1.40
대퇴내측	1.10
하퇴외측	1.00
발바닥(땅이 닿지 않는 곳)	1.20
발바닥(접지부)	1.55

피부의 두께에 따라 헤나색의 진하기가 다르기게 나타나는데 피부가 두꺼운 부분이 헤나색을 좀 더 진하게 표현되어 질 수있다. 특히 발은 피부의 표피가 두껍고 혈류의 속도가 빨라 헤나의 색이 진하게 나타난다.

신체부위에서 가장 두꺼운 곳은 손바닥이나 발바닥으로 체중을 지탱하거나 물건을 쥐는 등, 피부에 기계적인 자극이 많이 가해지는 곳이다. 반대로 가장 얇은 곳은 눈꺼풀의 피부로 눈의 깜박임에 따라 피부가 많이 움직이는 곳이다. 그리고 일반적으로 남성이 여성의 피부보다 두껍다.

① 표피(Epidermis)

표피는 피부 중에서도 가장 얇은 층으로 그 두께는 0.1mm ~ 0.2mm 이하로 얇은 조직이지만 외부에서의 유해한 물질이나 병원균이 몸 안으로 들어오는 것은 막는 보호 작용과 몸에서 수분이 빠져나가지 않도록 하는 수분유지 작용이 있다.

또한 표피는 신체의 바깥층에서부터 각질층, 투명층, 과립층, 유극층, 기저층 으로 나눌 수 있다.

피부에 헤나 아트를 할때는 표피중 각질층에 색이 드는 것으로 각질층은 피부세포 중 가장 바깥쪽에 위치하며, 단단하고 건조한 얇은 껍질인 세포층으로 15~20개층으로 이루어진다.

각질층은 지방들간의 접착으로 인해 세균침입 및 수분을 보호하며, 천연보습 인자가 구성 성분의 38%정도를 차지하는데 이것으로 인해 10~20%정도의 수분을 함유할 수 있다.

② 진피(Dermis)

진피는 표피의 바로 밑 부분과 결합해서 부드러움, 탄력성, 강인성이라는 성질을 가져다 준다.

표피조직은 세포의 집합체인데 반해, 진피 조직은 세포가 적고 단백질 섬유나 다당류로 되어있는 기질 등 세포 이외의 성분이 대부분이다. 두께는 부위에 따라 다르지만, 평균적으로 표피의 약 10배정도인 2mm 정도이며, 콜라겐과 엘라스틱 단백질 성분, 그리고 이 성분 사이를 채워 주는 기질 성분으로 이루어져 있다.

진피 속 세포성분으로는 콜라겐과 엘라스틱, 기질을 만든 섬유아세포와 혈관이나 림프관을 만든 세포, 신경섬유를 만드는 세포 등이 있으며, 항상 존재하는 것이 아니라 경우에 따라 혈관 속에 흐르는 세포가 진피 조직 안으로 들어오는 경우도 있다. 또 피부의 부속조직인 피지선, 한선, 모포 등의 조직이 있다.

2) 피부의 pH

(1) 피부의 pH와 기능

① 정의

ph란 수용액 중의 수소이온 농도를 지수함수로서 표시하는 단위이지만, 건조한 피부의 표면에서는 실제 ph값이 존재하지 않으므로, 일반적으로 일정한 용액에 녹아 들어가는 피부 표면의 수소이온 농도를 피부의 ph로 정의하고 있다. 즉 피부의 ph는 피부 표면으로 배출된 땀과 피지가 혼합되어 형성되는 피부표면 보호막이다.

② 피부의 약산성

이 특성이 어떠한 기전으로 형성되는지에 관한 이론은 확립되어 있지 않으나, 피지선 및 한선에서 분비되는 카프론산, 카프린산, 프로피온산 등의 지방산과 젖산염, 아미노산 등의 분비물에 의해 형성된다는 설이 우세하다. 이 산성막은 피부를 외부의 물리, 화학적 손상으로부터 피부를 보호하는 역할을 한다. 또한 피부표면에 존재하는 미생물균의 지나친 증식을 억제하며 감염, 자극, 가려움으로부터 피부를 보호한다. 에크린 한선에서 분비하는 땀 중 젖산은 피부표면에 존재하는 알칼리를 중화 시키는 역할을 하여 땀의 양이 증가하는 여름철에는 중화능력이 증가한다.

③ 피부 pH의 유형별 차이

피부의 정상 pH는 5 ~ 6, 모발은 3.8 ~ 4.2로서 기온에 반비례하고 수분량에 비례한다.

또한 피부의 pH는 성별, 연령, 인종 등에 따라 달라져, 신생아의 pH는 높으며 3일 후 부터는 산성으로 기울어 40 ~ 50대가 되면 다시 상승한다. 성인 남성의 경우는 여성보다 pH가 약간 낮으며, 여성의 경우 월경 전후로 낮아지고, 피부 표면에서 진피쪽으로 갈수록 높아진다.

(2) 피부 pH의 영향

피부는 케라틴이라는 단백질로 구성되어 있는데, 일반적으로 케라틴 단백질은 pH 4 부근의 산에 대해 응고, 침전이 일어나고 알칼리용액에 대해서는 팽윤 되거나 가수분해가 일어난다.

케라틴은 수분을 10 ~ 30% 함유시에는 부드러움을 유지하나, 그 이하가 되면 응고가 일어나 수분보유능력을 상실하고 피부 분비선의 활동이 억제되어 피부 세포의 대사활동에 장애를 받아 탄력성이 없어지게 되므로 피부 표면은 항상 일정한 pH가 유지되어야 한다.

(3) 피부호흡과 화장품

① 피부호흡의 영향

피부호흡은 피부건강과 밀접한 관계가 있으며 외용제 및 화장품에 의해 피부호흡을 감소시킬 수 있다. 비타민이 결핍되면 피부호흡이 감소하며 방부제, 향균제 및 지방산도 피부호흡을 감소시킨다.

비누는 피부호흡에 대한 영향은 없으나 음이온성 및 양이온성 세제는 피부호흡을 약간 감소시키며 비이온성 세제는 피부호흡을 증가시킨다.

바닷물은 동일한 염농도(3.4%)의 소금용액보다 피부호흡을 더욱 더 증가시킨다. 바닷물에 불화나트륨(sodium fluoride)을 첨가하면 저해제로 작용하며, 황산마그네슘(magnesium sulfate)은 활성제로 작용한다.

독성이 있는 물질은 피부호흡을 저해시키지만 피부호흡을 촉진시키는 물질에 의해 피부호흡의 감소를 방지 할 수 있다.

② 화장품과의 관계

화장품뿐만 아니라 의약품 분야에서 크림, 연고제, 향, 세제, 비누 등의 물질이 피부호흡을 촉진 혹은 감소시키는지를 안다는 것은 매우 중요하다. 결국 피부에 대한 호흡 증가 효과는 화장품뿐만 아니라 피부치료제의 궁극적 목적이기 때문이다.

SECTION 2 피부와 헤나

1) 피부의 작용과 헤나 아트 메커니즘

(1) 생리작용

피부는 신체표면에 있어 직접 외계와 연관하고 있기 때문에 끊임없이 여러 가지 자극을 받는다. 이러한 외부의 자극으로부터 신체를 보호하고, 신체의 작용을 주위의 변화에 순응시키는 작용을 한다.

그리고 신체 내부의 작용과 연결하여 보호, 분비, 체온조절, 지각(감각), 비타민D생성, 표정, 재생, 면역작용 등 생명의 유지에 중요한 역할을 한다.

① 보호 작용

- 피부의 투명층 및 표피지질은 수분의 내부 침입이나 외부로의 유실을 막는 방어막의 기능을 한다.
- 피부는 3층 구조로 되어 있어서, 물리적인 타박이나 압박이 가해졌을 때, 각질층의 케라틴과 진피의 교원섬유와 탄력섬유, 그리고 피하지방층의 쿠션작용으로 외부의 물리적 자극이 내부에 미치지 않도록 완충작용을 하여 내부를 보호한다.
- 피부의 피지막은 pH 5.5 부근의 약산성으로 세균발육을 억제할 뿐 아니라 피지 중에 함유된 불포화 지방산에도 살균작용이 있어 피부에서의 세균발육을 저해하는 자기정화작용능력이 있다.
- 만성적인 기계 장애를 많이 받는 발뒤꿈치, 무릎, 손과 같은 부위는 피부가 두꺼워져 외부의 자극으로부터 내부를 지킨다.
- 피부에는 면역에 관계하는 세포가 존재하고, 면역반응을 통해 생체반응과 사람의 세균 감각 상태를 나타내는 피부반응을 통하여 우리에게 방어해야 할 정보를 제공한다.
- 피부는 외부의 알칼리성분 및 독극물을 중화하는 능력을 보유하고 있다.

- 자외선에 피부가 노출될 경우 멜라닌 색소가 자외선을 흡수하여 생체내의 자외선에 의한 피부 손상으로부터 보호한다.
- 표피 표면의 요철에 의한 광선의 반사나 각각의 피부층, 케라토히아린 등의 산란작용도 광선으로부터 피부를 보호한다.

② 분비작용

피지선에서의 피지 분비는 피부 표면에 얇은 막을 만들어 피부와 털에 광택을 부여하고 수분이 증발하는 것을 막아 준다.

피지 분비량은 신체의 부위에 따라 다르고, 피지선의 크기와 활동성은 나이와 개인의 호르몬 분비상태에 따라 차이가 있다. 피지선의 발육은 남성호르몬의 자극에 의해 더욱 활발해지므로, 남자가 여자보다 피지의 분비가 많다.

유년기의 피지 분비량은 적고, 사춘기가 되면 피지선의 활동이 활발해지고 크기가 커져 분비량이 많아지며 성년기에는 안정되어 지고 장년기에 감소된다.

피지의 분비는 피부 표면에 있는 피지막의 두께에 의해서도 차이가 생기며 피부표면에 일정한 두께의 피지막이 있으면 피지 분비는 정지되지만, 적어지면 피지막이 일정한 두께가 될 때까지 분비가 계속된다. 비누 등으로 피부 표면의 피지막을 완전히 제거하면 피지의 분비가 활발해져 1시간 후에는 약 50%가 회복되고, 3 ~ 4시간 후에는 원래의 두께로 된다. 또한 발한이 심해지면 피부 표면의 피지가 땀과 함께 흘러내림으로서 피지막이 일정한 두께를 유지할 수 없게 되므로, 이때에는 피지의 분비가 증대된다.

③ 체온조절작용

우리 인체는 외부의 온도와 관계없이 일정한 체온을 유지한다. 이러한 유지 작용에는 각질층, 털, 한선, 혈관 등의 역할과 함께, 피부 표면의 피지막이 체온의 발산저지와 외부의 온도가 그대로 피부 내로 전해지지 않도록 하는 조절작용에 의해 유지된다.

피부에서의 체온조절작용은 주로 모세혈관의 수축 또는 확장과 한선에서의 땀이 분비되어 이루어지는 기화열에 의해 조절되고, 피부 혈관과 에크린 한선은 자율신경에 의해 지배를 받고 있다. 체온조절중추는 시상하부에 있어, 추울 때는 피부의 혈관수축성 신경을 활동이 증가하여 피부혈관을 수축시켜 열의 발산을 억제하고 체온의 저하를 막는다. 또한 자율신경의 지배를 받고 있는 입모근은 외부온도 저하시 수축되어 표피에 공기층을 형성하고, 체내에서의 열 발산을 줄여 체온 조절에 도움을 준다. 더울 때는 신경활동이 줄어 혈관이 확장되며 열의 발산을 증대시켜 조절한다. 또한 피부의 각층과 피하조직 등도 신체의 열 발산을 막거나 외계온도의 변화가 신체 내부에 직접 전달되지 못하도록 하고 있다. 신체에서 발산되는 열량의 70%는 피부를 통해 발산되고, 나머지는 호흡을 통해 발산된다.

④ 지각(감각)작용

피부는 인체 최대의 감각기관으로 온각, 냉각, 촉각, 통각, 압각 등이 인체의 곳곳에 흩어져 위험이 다가오는 것을 감지하여 신체를 보호한다. 감각기관은 다양한 형태로 표피, 진피, 피하조직 및 모낭 주위에 여러 종류의 수용기가 분포되어 있다. 피부외계의 정보는 지각신경 말단을 자극하고 척수, 뇌간, 시상을 경유하여 대외피질로 전달되어 따뜻하거나 차거나 아프거나 가렵거나 접촉 등의 감각이 감지된다.

피부에는 1㎠ 당 온점 1 ~ 2개, 냉점 12개, 압점 6 ~ 8개, 촉점 25개, 통점 100 ~ 200개의 비율로 분포해 있어 고통에 대해 가장 민감하고 따뜻함에 대해서는 둔감하다.

촉각은 촉점이 많은 손가락으로 끝, 입술, 혀끝 부분이 예민하고 촉점의 분포가 적은 부분은 둔감하다. 일반적으로 촉각은 일정한 리듬으로 가볍게 자극하면 쾌감을 주고 강하고 난폭하게 자극하면 불쾌감을 느끼게 한다.

온각과 냉각이 가장 예민한 부분은 혀끝이며 다음으로는 눈꺼풀, 이마, 뺨, 입술 등이다. 통각은 피부에 통증을 느끼게 하는 감각으로 가벼운 통증은 가려움을 동시에 유발시킨다. 가려움은 피부의 온도가 내려가면 완화되고 피부의 온도를 높이거나 따듯하게 하면 더욱 심해지므로, 피부의 가려움을 막기 위해서는 피부를 차게 하거나 시원하게 하는 것이 좋다.

압각은 피부를 압박하였을 때 느껴지는 감각으로 압박을 적게 하면 오히려 간지러움으로 느껴지는데, 발 마사지를 할 경우 너무 약한 압력으로 누르게 되면 간지러움은 느끼게 되는데 이는 압각에서 느껴지는 강도에 의한 것이다.

⑤ 비타민D 합성작용

대부분의 비타민은 체외로부터 공급되는데 반해 예외적으로 비타민D는 표피 내에서 만들어진 프로비타민D로부터 일광 중의 자외선 조사와 생체에서 만들어진 디하이드로 콜레스테롤에 의하여 만들어진다.

이때 생성된 비타민D는 칼슘의 흡수 촉진과 인의 대사에 관여하여 뼈의 발육을 도와주는 작용을 할 뿐 아니라 일광으로 인한 피부염의 치유에도 관여한다.

⑥ 표정작용

피부는 인체를 덮고 있으므로 외부의 영향은 물론 신체 내부로부터도 여러 가지 영향을 받는다. 얼굴의 피부는 전두근에 밀착되어 있으므로 뼈와 함께 움직여 표정근으로서 희로애락의 표정을 나타내며, 부끄러울 때에 얼굴을 붉히고, 성이 났을 땐 온몸의 피부가 빨개지며, 놀랐을 때는 새파랗게 되는 등의 의사나 감정을 나타낸다.

⑦ 재생작용

피부는 상처를 입어도 곧 원래의 모양으로 되돌아가는데 이러한 기능을 '피부의 재생력' 이라하며 성형외과에서 피부 이식수술이나 성형수술을 할 수 있는 것도 피부 재생력 덕분으로 볼 수 있다. 그러나 상처가 진피층까지 진행된 경우에는 흉터가 발생하기도 하고, 때로는 진피층의 결합조직이 과도하게 증식되어 주변에 비해 흉터부분이 비대해지는 켈로이드가 발생하기도 한다.

⑧ 면역작용

피부는 단순하게 우리 몸을 기계적으로 보호하는 보호막의 개념에서, 더 나아가 몸속에 이물질이나 세균 등의 유해한 것이 들어오면, 그것에 대항하는 물질을 만들어 내는 면역작용을 한다. 피부의 표면에는 면역반응에 관련하는 세포들이 있어, 면역반응을 통해서 생체방어기전에 관여하는 것이다.

(2) 흡수작용

피부흡수란 외부에서 접촉된 물질이 피부를 통과하여 혈관 내로 흡수되는 현상으로, 피부의 최외층인 각질층에 의해 조절되는 수동적 확산(diffusion) 현상을 말한다. 이는 표피를 통한 흡수(epidermal absorption)와 피부 부속기를 통한 흡수(pilosebaceous absorption)로 대별된다.

(3) 호흡작용

피부는 신체의 건강한 상태를 유지하기 위해서 호흡을 통해 흡입, 방출을 하게 되는데, 이때 산소흡입과 이산화탄소 방출 등이 필요하다. 이러한 피부표면을 통한 산소의 흡입, 이산화탄소의 방출을 이용하여 에너지를 생산하는 일련의 과정을 피부호흡이라 한다. 피부호흡은 폐호흡과 피교시 폐호흡의 1/180보다 적은 양이며, 필요한 산소와 이산화탄소의 대부분은 혈액으로부터 흡입되고 나머지는 공기로부터 직접 얻는다. 이러한 호흡작용에 영향을 주는 요소는 다음과 같다.

① 온도

온도가 올라가면 산소의 흡수속도와 이산화탄소의 방출속도가 증가한다. 이는 온도가 증가하면서 흡수된 산소가 혈액 속으로 들어가 피부 상피층, 특히 진피의 피부대사 속도를 빠르게 할 뿐 아니라 피부를 통한 혈류의 속도가 증가하기 때문이다.

② 습도

상대습도가 20 ~ 80%사이일 때 습도가 증가하면 이산화탄소의 방출속도는 증가한다.

③ 주위대기중의 이산화탄소압의 변화

대기중 이산화탄소 함유량이 50%일 때 이산화탄소 기체는 피부 안으로 스며들어 가며, 이산화탄소 함량이 증가할수록 산소 흡수 속도는 낮아진다.

④ 연령과 성

나이가 증가할수록 피부호흡은 감소하여, 40세 이하의 사람이 40세 이상의 사람보다 산소흡수 및 이산화탄소 방출이 다소 높으며, 여성이 남성에 비해 이산화탄소 방출 및 산소 흡수가 조금 높은 경향을 나타낸다.

⑤ 신체부위

손바닥과 발바닥은 비교적 높은 이산화탄소 방출 및 산소 흡수율을 나타낸다. 가장 높은 값을 나타내는 부위는 이마와 볼로서, 이는 피부 온도와의 연관성 보다는 혈류 속도와 연관이 있다. 따라서 손과 발 부위에 헤나 디자인을 하면 매우 색이 진하게 나타난다.

2) PPD 에 의한 부작용

블랙헤나 디자인

천연 헤나는 적갈색이다. 사용하는 재료에 따라 붉은 색부터 진한 갈색까지 원하는 대로 조절할 수 있다. 이런 헤나가 인도, 이슬람 문화권을 넘어 많은 사람들에게 알려지면서 진한 색에 대한 선호도가 높아져 블랙 헤나가 만들어진 것으로 보인다.

시판되고 있는 블랙 헤나는 검은색의 매우 고운 입자를 가진 분말형태이다. 천연 헤나와는 달리 염색되는 시간이 짧고 건조 후 바로 검은색이 나타나며 반죽으로 만든 후 숙성 기간도 짧다. 이러한 특징 때문에 천연 헤나보다 더 좋다고 생각할 수 있지만 문제는 이 블랙 헤나에 PPD (para-phenylen diamine)라는 화학물질이 첨가되어 있다는 것이다. PPD는 합성염료를 제조할 때 사용하는 것으로 헤어용 염색약에 들어있으며, 검은색 고무, 사진 복사 및 인쇄 잉크, 유화물감, 윤활유, 휘발유, 직물 및 가죽 염색약, 사진 현생액 등에서 발견되기도 한다.

이는 매우 잘 알려진 알레르기 유발 물질이며 암을 유발할 수 있기 때문에 사용에 매우 주의해야 한다는데 세계적으로 의견을 모으고 있다. PPD는 피부에 매우 깊이 침투하여 통증과 함께 작은 수포를 발생시키는 조직학적 피부염 증상을 나타낸다. 또한 그 독성이 배출되지 않고 체내에 축적되어 암이나 돌연변이를 유발할 수 있는 매우 위험한 물질이다. 블랙 헤나에 의한 PPD 피해 사례는 많은 의학 논문에 보고되고 있으며 의학계에서 발암물질로 분류되어 사용 금지 여론이 확산되고 있는 상황이다.

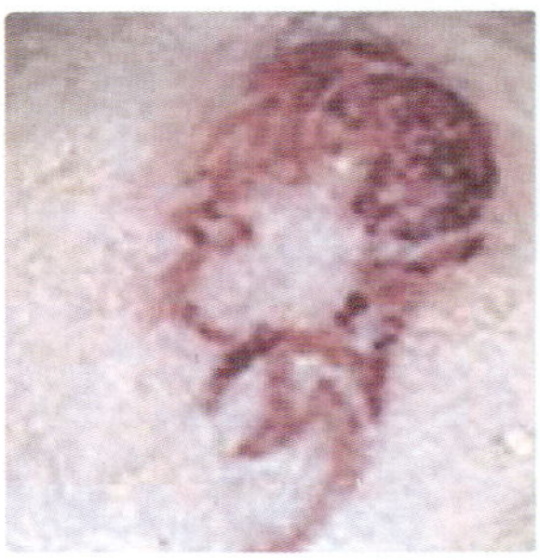

블랙헤나 부작용사례

스위스 의학 저널 131호(SWISS MED WKLY 2001;131;199-202)에 실린 논문 내용을 살펴보면 대부분의 경우 처음 블랙 헤나를 하고 나서 며칠 뒤 두 번째로 블랙 헤나를 했을 때 매우 심한 피부염 증세가 나타났으며 여기에서 PPD 물질을 확인 했다고 한다. 반면 천연 헤나에서는 PPD가 검출되어 않았으며 천연 헤나로 인한 피부염 발생 가능성은 거의 희박하다고 보고하였다.

체질에 따라 아무렇지도 않은 사람도 있지만 겉으로 드러나지 않는 것일 뿐 체내에 독성이 쌓이는 것은 마찬가지이다.

물론 천연 헤나도 알레르기 반응을 나타낼 수 있다. 그러나 이것은 대부분의 사람들에게 아무 문제가 없고 독성도 없는 목화 꽃가루에(또는 강아지 털, 향수, 특정 음식 등 많은 알레르기 유발 요인들) 특이적으로 알레르기 반응을 나타내는 체질인 사람이 있는 것처럼 헤나 식물 자체(또는 레몬이나 여러 오일들)가 본인의 체질에 맞지 않아서 생기는 것이지 헤나 성분 중 인체에 해를 끼치는 물질이 있어서는 아니다.

SECTION 3

피부와 위생

1) 세균과 기타 감염 요인

(1) 세균

세균은 단세포성 생물로 리케차와 바이러스를 제외하고는 가장 작은 생명체이다. 보통 세균의 크기는 몇 ㎛(마이크로미터 : 1㎛=10−6㎛)이다. 기본적으로 구형(구균), 막대 모양(간균), 나선형(나선균) 등의 3가지 세포 모양이 있다.

종종 수많은 세균이 좁은 공간에 존재하는데, 예를 들어 영양분이 풍부한 1g의 정원 흙에는 수십 억의 세균이, 침 1방울에는 수백만의 세균이 살고 있다. 생물권에서 세균의 역할은 크다. 세균이 없는 토양에서는 식물이 자라지 못하고, 궁극적으로는 영양분을 식물에 의존하는 동물도 살 수가 없다. 일부 세균은 질병을 일으키지만 대부분은 무해하며, 사람에게 유익한 종류도 많이 있다. 문제는 손과 피부에 세균이 존재한다는 사실이다.

박테리아는 크게 병원성과 비병원성으로 구분되며 그 종류는 1200여종에 달하며 쉽게 번식하고 독소를 발생시켜 질병과 감염을 유발하게 된다. 박테리아의 70%는 비병원성으로 인체에 무해한 것으로 알려져 있다.

(2) 세균의 분포

세균은 생각할 수 있는 모든 환경에 존재한다. 극지의 얼음에서 온천수까지, 산봉우리에서 해저 밑바닥까지, 동식물체나 흙 속 등 5℃ 이상의 환경이면 대다수의 세균은 활발히 생활한다. 또한 일부 토양세균과 해양세균은 0℃ 근처나 그보다 약간 더 낮은 곳에서도 활발히 생활한다. 일반적으로 토양세균의 상한온도는 30℃, 동물기생균은 37℃이며, 더 이상 성장이 일어나지 않는 최대 한계온도는 70℃이다. 이 한계온도를 벗어나면 세균은 비활동적이 된다. 어떤 종류는 포자를 만들어

휴면상태로 들어가 열악한 환경에서 견딘다.

(3) 세균의 종류

① 구균

포도상 구균

구균에 속하는 많은 종(種)들은 그 균을 동정(同定)하는 데 필요한 특징적 배열양식을 갖고 있다. 구균이 쌍을 이루면 쌍구균(diplococci)이라 하며, 폐렴을 유발한다. 이러한 균들이 열을 지어 배열하거나 사슬처럼 연결되어 있을 때는 연쇄상구균(連鎖狀球菌 streptococci)이라 부른다. 포도송이같이 덩어리진 균을 포도상구균(葡萄狀球菌 staphylococci), 8개 이상의 세포가 한 묶음으로 된 균을 사르시나(sarcinae), 4개의 세포들이 정4각형의 구조로 배열된 무리를 테트라드(tetrad)라 한다. 이런 독특한 배열들은 세균의 생식과정에서 생기는 결과이다.

사람의 피부에 기생하는 '포도상구균'은 세균성 폐렴의 주범으로 이 균의 가장 큰 특징은 사람의 피부에 기생하면서 상처가 났을 때 염증을 유발한다는 점이다. 즉 포도상구균은 사람의 몸에 들어가는 즉시 고름을 만들어내는데, 주로 피부 접촉을 통해, 때로는 호흡기를 통해 이 사람 저 사람에게로 옮겨다닌다. 포도상구균에 의한 감염증은 확산이 매우 빠르며 혈류로 침입한 경우에는 환자의 목숨까지 잃게 할 수도 있다. 특히 면역계가 약화되어 있는 상태의 환자들에겐 심각한 위협을 주기도 한다.

② 나선균

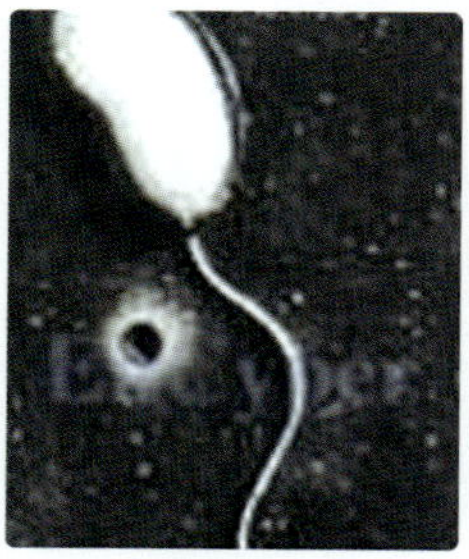
나선균

사람에게서 서교열(鼠咬熱)을 일으키는 스피릴룸 미노르(S. minor)를 제외하고는 모두 물에서 생식하며 콜레라와 매독의 원인이 된다. 나선균의 미생물학적 특징은 양끝에 채찍 모양의 편모다발을 가지고 있고 그람음성균이며 운동성을 지닌 나선형세포라는 것이다. 가장 큰 나선균인 스피릴룸 볼루탄스(S. volutans)의 나선은 60㎛(마이크로미터 : 1㎛=10-6m) 길이에 5~8㎛ 간격으로 꼬여 있다. 새앙쥐나 집쥐의 혈액 속에서 발견되는 스피릴룸 미노르는 다른 설치류 · 원숭이류 · 사람에게 전염될 수 있다. 아쿠아스피릴룸속(Aquaspirillum)과 오세아노스피릴룸속(Oceanospirillum)은 자유생활을 하는 수중형으로 알려져 있다.

③ 간균

흙이나 물에 살고 있으며, 탄저균(Bacillus anthracis)이나 바실루스 투링기엔시스(B. thuringiensis) 같은 몇몇 종(種)을 빼고는 인간이나 동물에게 해를 주지 않는다. 모든 간균은 미생물학적으로 그람음성균으로 분류하며 휴면세포(休眠細胞)나 내생포자(內生胞子)를 만들 수 있다. 짧은 막대모양으로 결핵, 파상풍의 원인이 되며 크기가 가장 큰 종(種)은 지름이 약 2㎛(마이크로미터 : 1㎛=10-6m)이고 길이가 7㎛로서 보통 사슬 모양을 이룬다. 내생포자처럼 열 · 화학물질 · 햇빛에 대한 저항력이 있고 거의 어느 곳에나 있는 먼지 입자들 속에 들어 있다. 간균이라는 용어는 일반적으로 원통 모양이나 막대 모양을 하고 있는 모든 세균에 적용된다.

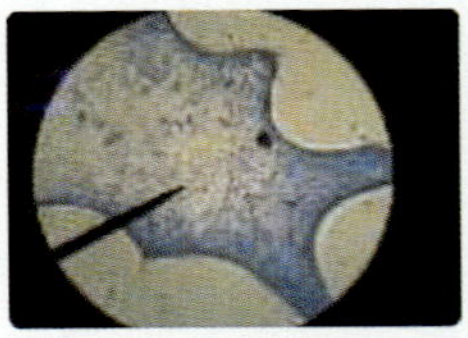

간균

(4) 바이러스

바이러스는 유기체 중 가장 작은 것으로 현미경으로도 식별이 불가능하다. 돌과 같은 필터도 통과 할 수 있을 정도로 작아서 바이러스의 일부는 비여과성 바이러스라고도 불리며 바이러스는 살아 있는 세포의 외부에서는 휴면입자로 존재하나 적당한 숙주세포 안으로 들어가면 새로운 바이러스를 생산하기 위해 숙주세포의 대사활동을 파괴할 수 있는 활성(活性)을 갖게 된다. 바이러스의 증식은 핵산 또는 단백질이 숙주에 들어가면서 시작된다.

동물은 바이러스 감염에 대해 여러 가지 방법으로 반응한다. 발열이 일반적인 반응인데, 많은 바이러스는 숙주의 정상체온보다 약간 높은 온도에서는 활동성이 저하된다. 감염된 동물세포에서 인터페론이 분비되는 것도 또다른 일반적인 반응이다. 인터페론은 감염되지 않은 세포에서 바이러스 증식을 억제한다. 바이러스의 감염에 대한 일반적인 방어반응인 발열과 인터페론의 생성 이외에도 인간과 다른 척추동물들은 특정 바이러스에 대해 면역적으로도 공격할 수 있다. 면역체계는 항체와 감염된 바이러스를 중화하도록 꼭 맞게 맞추어진 감작세포(感作細胞)를 생산한다. 이러한 면역방어체는 바이러스가 중화된 후에도 오랫동안 몸을 순환하면서 바이러스의 재감염을 방지한다. 현재 능동면역은 홍역 · 볼거리 · 소아마비 · 풍진 등과 같은 바이러스성 질병에 대해 일반적으로 사용되고 있다. 반면에 수동면역은 이미 바이러스에 노출된 생물의 혈청 속에 있는 항체를 주입하는 것이다. 수동면역은 이미 홍역이나 간염과 같은 바이러스성 질병에 노출된 사람을 단기간 보호하는 데 사용된다. 세계적 규모의 면역은 한때 가장 두려운 질병의 하나였던 천연두의 근절로 신뢰를 받고 있으며 현재 가장 치명적인 것은 에이즈(AIDS) 바이러스로 많은 바이러스들이 곤충이나 오염된 음식물, 감염된 사람과의 직접적인 접촉을 통해 다른 숙주로 감염되기 때문에 헤나에 사용되는 기구나 물건등과 주변을 위생적으로 처리하는 것이 바이러스 퇴치에 도움이 된다.

2) 면역체계의 종류

(1) 질병에 대한 면역

면역이란 질병에 대한 저항력을 뜻하는 것으로 각각의 동물이나 식물은 조직의 화학성에 따라 종(種) 또는 좀더 광범위한 범주의 특징이라 할 수 있는 자연면역을 갖고 있다. 자연면역은 피부나 점막 등의 물리적 장벽과 생물학적 과정에 기초한다. 기름샘[皮脂腺]이나 땀샘의 분비물, 소변, 위산, 담즙산염, 담즙산 등 몸에서 분비되는 모든 분비물에는 몸에 침입하는 미생물을 억제하거나 파괴하는 단백질이 포함되어 있다. 백혈구는 세균을 고립시켜 신체의 노폐물과 함께 몸 밖으로 배출되게 하는 역할을 한다. 이러한 면역반응은 국부적이지만 체성(體性)반응으로 발전하기도 하는데, 이 경우 일반적으로 백혈구가 증가하고 열이 난다. 자연면역으로는 지속적인 저항력 또는 면역이 생기지 않는다. 저항력이란 신체가 감염에 대항하여 견딜 수 있는 정도를 뜻하는 것으로 저항력이 낮으면 질병에 걸릴 확률이 높아진다.

(2) 선천성 면역 (자연적 면역)

정상적인 피부에는 세균과 박테리아로부터 보호 할 수 있는 층이 있다.

자연적으로 땀과 소화액을 분비함으로써 질병을 발생시키는 미생물균들의 생식을 저지 시킨다.

부모로부터 유전적으로 물려 받은 것으로 백혈구가 혈액내의 독소 및 병원성 박테라아에 대항하여 항체를 형성하는 작용을 한다.

(3) 후천성 면역 체계 (자연적으로 얻어지는 면역)

질병에 감염된 경험을 통하여 그 질병에 대한 면역체계를 갖추게 되는 것으로 예를 들면 홍역과 같이 한번 감염되면 그 후에는 감염되지 않도록 항체가 형성되는 것이다.

(4) 인위적인 면역 체계

예방 접종을 통하여 질병에 대한 항체를 형성시키는 것으로 인체 내에 매우 낮은 강도의 병원체를 침투시켜 신체 내에서 그 질병에 대한 항체를 형성하도록 유도하는 것이다.

인체 밖에 존재하는 세균은 열, 햇빛, 소독제, 살균소독제 등과 같은 멸균 작업을 통해서 제거 될 수 있다.

면역은 수동적 또는 능동적으로 이루어질 수 있다. 수동면역은 면역체계가 자극되지 않고 항체가 짧은 기간 동안만 존재하기 때문에 일시적인 현상이다. 수동면역은 임산부에게서 태아에게로 태반을 통해 주어지거나, 초유를 통해 영아에게 전해지기도 한다. 능동면역은 항체와 림프구를 형성하여 면역체계를 자극하며, 예방접종이나 병을 일으키는 병원체(病原體)에 노출 또는 감염된 뒤 생긴다.

생체의 면역체계는 대개 자신의 구성요소는 공격하지 않는다. 자신의 조직을 공격하지 못하도록 억제하는 데 실패하면, 류머트 관절염 등의 자가면역질환(自家免疫疾患)이 생긴다. 그밖에 흔히 일어나는 면역체계 문제는 인체로 하여금 매우 감염되기 쉽게 만드는 것이다. 1980년대초까지 이러한 질병 중 가장 유명했던 것은 저감마글로불린혈증이라고 하는 희귀한 질병으로, 이 병은 항체가 부족하거나 전혀 만들어지지 않는 것이다. 그 뒤로는 후천성면역결핍증(AIDS)이 면역체계 질병의 선두주자가 되었다.

3) 위생

세균의 번식에 필요한 조건은 더러움, 온도, 습도, 영양분으로 헤나를 시술하며 전염될 수 있는 것은 더러운 손, 수건, 헤나를 사용하는 기구 등으로 여러 사람에게 전염 될 수 있다. 대기, 먼지, 곤충, 인체의 호흡 등도 감염의 경로가 될 수 있다.

세균은 특징적으로 이분법이라는 무성생식을 한다. 세균이 좋은 환경에 있으면 대사 작용을 활발히 하여 부피생장을 한다. 성장이 어떤 점에 이르면 마침내 세포를 2개로 나누어 새로운 두 딸세포를 만들어 낸다. 개체수가 2배로 증가하는 데 걸리는 시간을 세대기간이라고 한다. 세대기간은 종류와 환경에 따라 매우 달라서 대장균은 약 15분 정도, 결핵균은 16시간까지 걸리는 경우도 있다.

(1) 위생에 대한 일반적인 주의 사항

① 헤나에 사용되는 홍차를 우려낸 물과 오일 레몬즙 등은 제조일자를 확인하여 사용할 것
② 헤나가 눈에 들어가지 않도록 주의 할 것
③ 헤나를 하기 전 반듯이 피부테스트를 거쳐 피부의 반응을 확인할 것
④ 특히 블랙헤나(PPD)의 경우엔 고객과 상담을 통해 부작용에 관한 주의 사항을 꼭 미리 알려 줄 것
⑤ 헤나에 사용되는 제품은 가능한 높은 습도와 직사 광선 등을 피해 건냉한 곳에 보관 할 것
⑥ 화학제품을 사용 할 때는 피부나 눈에 닿지 않도록 조심할 것
⑦ 한번 사용한 타올은 덮개가 있는 곳에 모아 반 드시 소독 할 것 물티슈 등 일회용품은 재 사용하지 말 것
⑧ 가구나 장비, 손은 헤나 시술전 반드시 소독 할 것
⑨ 깨끗한 재료와 이미 사용한 재료나 기구등을 함께 두지 말 것
⑩ 장비와 재료, 기구 등은 소독, 멸균을 통해 청결히 관리 할 것
⑪ 단정한 몸가짐으로 청결을 유지 할 것
⑫ 모든 용기는 내용물에 대한 라벨을 붙일 것

천연헤나는 아직까지 부작용에 대한 사례가 없지만 이상의 주의사항은 위생적인 환경을 위해 사전에 관리 되어야 한다.

(2) 물리적 방법

① 건열

소독 대상의 물품을 300~320 ° 의 고온에 노출시켜 박테리아를 제거하는 방법으로 주로 병원에서 이용한다.

② 습열

끓는 물에 소독해야 하는 물품은 20분 정도 넣어 두어야 소독의 효과를 기대 할 수 있다.

③ 자외선 방사

이미 소독된 기구들은 멸균하기 위해 자외선 소독기 안에 넣어두는 것으로 매우 효과적인 방법이다. 일단 물과 세제로 닦아 낸 후 자외선 소독기 안에 제품 설명에 따라 넣어 둔다.

(3) 화학적 방법

화학적 방법은 멸균제와 항균제를 이용하는 것으로 살롱내에서 매일 사용되는 액체형태의 살균제이다. 멸균제는 박테리아를 제거하지는 않지만 박테리아의 증식을 막는다. 항균제는 유해한 박테리아와 무하한 박테리아를 모두 무해한 상태로 만들어 준다. 알코올과 같은 일부의 제품은 그 농도에 따라 멸균제(30% 알코올) 로 분류되기도 하고 항균제(79% 알코올)로 분류되기도 한다.

4) 관리 시 위생 및 자격 요건

한국헤나협회에서 헤나의 자격시험과 자격증 등을 관할 하지만 이에 대한 위생에 대한 조건이 미흡하다. 피부 관리학에서 정해진 자격요건과 보건복지부에서 정한 공중위생관리법 시행규칙 중 일부 개정령 안을 살펴보면 다음과 같다. 이를 통해 헤나의 시술 중 피부 관리 및 위생에 참고 할 수 있다.

(1) 피부관리학 (관리시 위생 및 자격 요건)

① 제품 사용 시의 위생

- 크림은 반드시 스파츌라를 사용하여 떠낸다.
- 스파츌라는 사용 후 알콜을 적신 솜으로 소독한다.
- 튜브에 든 크림은 일단 손바닥에 짠 후 사용한다.
- 플라스틱 통에 들은 크림이나 팩은 직접 손이 닿지 않도록 스파츌라 등을 사용하여 덜어낸 후 즉시 뚜껑을 닫는다.
- 한번 덜어낸 크림은 다시 용기에 담지 말도록 한다.
- 보습용 제품은 특히 상하기 쉬우므로 유의한다.

② 관리사 손의 위생

- 여드름 관리 전 후 항상 손을 씻는다.
- 마사지 전 후 손의 청결을 유지한다.
- 매니큐어와 패디큐어 전 후 청결을 유지한다.
- 관리 중간에 전화를 받거나 다른 물건을 만질 때 티슈 한 장을 꺼내 싸서 만진다.
- 색상있는 네일 팔리쉬를 바르지 않는다.

③ 자격요건

- 정확한 피부분석과 판별능력
- 피부관리 전문화장품과 성분에 대한 풍부한 지식
- 고도로 숙련된 제품응용능력과 사용능력
- 고감도의 효율적인 마사지 테크닉
- 상담을 성공적으로 이끄는 대화 능력

(2) 공중위생관리법 시행규칙 중 일부개정령안 (2006.06.28) 보건복지부 제2006-141호

① 개정이유

피부미용과 머리미용은 기능적으로 중복되지 않는 별개의 기술로서 이미 두 업종이 별도로 구분되어 운영되는 점을 인정하여 머리미용과 피부미용의 업무범위를 명확하게 규정함으로써 면허 및 영업자 관리를 전문화 하고자 현행 규정을 개선 보완함.

② 주요내용

국가기술자격법에 의한 미용사 자격을 취득한 자는 미용사(머리), 미용사(피부)로 업무범위를 명확하게 하여 행하도록 함. (안 제14조)

공중위생관리법 시행규칙 일부개정령을 다음과 같이 공포한다.

보 건 복 지 부 장 관

③ 공중위생관리법 시행규칙 일부개정령안

제14조 제2항 내지 제3항을 다음과 같이 신설한다.

법 제6조 제1항 제4호의 규정에 해당되어 미용사 면허를 교부받은 자의 업무범위는 다음 각목과 같다.

가. 미용사(머리) : 파마, 머리카락자르기, 머리카락모양내기, 머리피부손질, 머리카락염색, 머리감기

나. 미용사(피부) : 의료기구나 의약품을 사용하지 아니하는 피부분석, 손을 이용한 피부관리, 기구를 이용한 피부관리, 팩, 제모, 눈썹손질

④ 미용사 면허를 받은 자가 사용할 수 있는 미용기구는 보건복지부 장관이 정하여 고시한다.

부 칙 : 제1조(시행일)이 규칙은 공포한 날부터 시행한다.

03

헤나 문양의 분류

SECTION 1 문양의 의미

1) 헤나와 문양

헤나를 사람들에게 디자인하게 되면 문양이 가진 상징적 의미와 문양이 가진 세부적인 형태를 알아야만 한다. 또한 헤나를 디자인해 주면 받는 사람은 그 문양이 어떤 의미와 상징이 있는지 알고자하며 디자이너는 이에대해 설명을 해주어야 한다. 헤나문양은 다양한 시대와 지역을 걸쳐 발전해 왔기 때문에 그 의미를 찾아보면 너무나 방대하다. 여기서는 일반적으로 헤나에 많이 사용되는 문양의 의미와 종류를 간략하게 소개하고자 한다.

일반적인 문양은 지역과 민족, 시대에 따라 전개되는 차이점이 있으나, 문양의 기원에 대하여 요약하면

첫째 장식설-인간은 자신을 아름답게 꾸미려는 장식본능을 가졌고, 인간 본래의 미의식이 가진 결과로서 시대적, 사회적인 환경에 따라 질서와 새롭게 아름답게 꾸미려는 인간 본연의 의지이다.

둘째 공간 공포설-인간이 발견한 공간을 공간 공포심리의 반응으로 어떠한 형태로는 메꾸려는 충동을 가지고 있기 때문에 우연히, 혹은 의식적으로 발견된 물체의 비실용적 공간을 어떤 형상으로 메꾸는 반복적인 행위에서 안도감과 질서를 준다는 견해

셋째로 상징설-이는 원시적 사회의 생존여건으로 인간의 생존을 위협해 오는 구체적인 대상에 주술적, 종교적 의미를 부여하여 그 형상을 사실적 또는 추상적으로 표현하므로 인간 생존의 안락과 영복을 기원하는 본능이라는 견해로 요약할 수 있다.

2) 문양이란

헤나는 부적의 의미를 문양으로 표현한 것이다.

문양은 언어 이전의 기호였고 상징이다. 절대적 존재의 표현이기도 하고 강력한 수호의 힘이 되기도 했다. 문양의 정의는 여러 가지로 표현할 수 있겠지만 헤나에서의 문양은 염원과 보호의 의미가 담긴 부적의 형태로 표현되고 있다.

일반적인 문양은 의식의 반영이며 정신활동의 소산임과 동시에 창조적 미화활동의 결과이다. 이런 면에서 문양에 조형 미술의 원리가 포함되어 있다고 볼 수 있으나, 주제의 성격이나 표현내용으로 볼 때 순수 미술과는 다른 특성을 가지고 있다.

문양은 예술적 욕심 없이 소박한 생활 욕구에 따라 전해 내려오는 틀을 존중하면서 그려진 것이라고 할 수 있다. 이와 같은 내용을 재고해보면, 문양은 그것을 향유하는 집단 사이에서 약속된 부호와 같은 성격을 지닌다는 것을 알 수 있다.

그래서 사람들은 문양이 상징하고 있는 사물이 눈앞에 있지 않아도, 문양만 보고도 어떤 반응을 보이게 된다. 특정 사물이 다른 세계를 연상시킨다던가 다른 사물과 유사하다는 것에 근거를 두고 거기에 현실적인 욕망을 담아서 그것이 성취되기를 바라는 것이 주술의 사고 원리이다.

3) 문양 만들기의 기초

기초 문양은 헤나를 그리기 위해 필수적으로 그려야 하는 문양의 형태로 대부분은 이 기초문양을 변형하거나 사이즈를 줄이거나 늘려 디자인되어진다.

기초 문양은 매우 중요하므로 헤나협회에서도 1교시 실기 시험인 헤나를 반죽하여 콘에 넣은 헤나콘을 사용하여 시험에서 예시한 문양을 크기와 수량에 맞게 아래 제시된 기본 문양과 한국헤나협회에서 결정한 기초 문양 중 4가지 이상을 그리며 문양의 크기와 갯수 위치 등이 정해져 있으므로 규칙에 맞게 조화롭게 그리는 것이 중요하다.

전체적으로 선의 굵기는 1mm~2mm로 섬세하게 그리며, 각 선들의 간격은 0.5cm 정도로 그 형태나 모양에 따라 다르며, 각 선이나 형태는 그 시작 위치와 끝나는 위치가 동일해야 하며 선의 끊김이 없이 그려야 한다.

아래 예시한 문양의 특성에 따라 손에 익숙해 질때까지 연습하는 것이 중요하며 이외에도 더 많은 기초 문양이 존재하므로 책에 제시된 기초문양을 응용하여 유연하고 아름다운 선을 그릴 수 있도록 노력해야 한다.

1. 직선

- 가장 기초적인 선 연습으로 선의 굵기는 가늘고 일정하게 또한 중간에 끊어지지 않도록 그리는 것이 중요하다.
- 각 직선은 시작 위치와 끝나는 위치가 동일해야 하며 선의 끊김이 없어야 한다.
- 4~5줄 드로잉 후 2cm 띄우고 다시 드로잉하는 방식으로 칸을 모두 채워 그리는 연습을 하여야 하며 직선은 수평으로 반듯하게 그리며 선이 떨리지 않고 길게 그리는 연습을 하는 것이 좋다.

직선의 수평 연습후 수직방향으로 동일한 방법으로 연습한다.

●● 직선 세로
같은 방법으로 세로방향으로 연습한다.

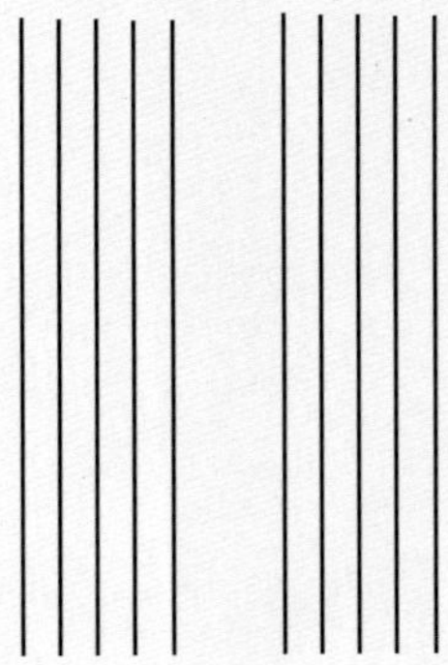

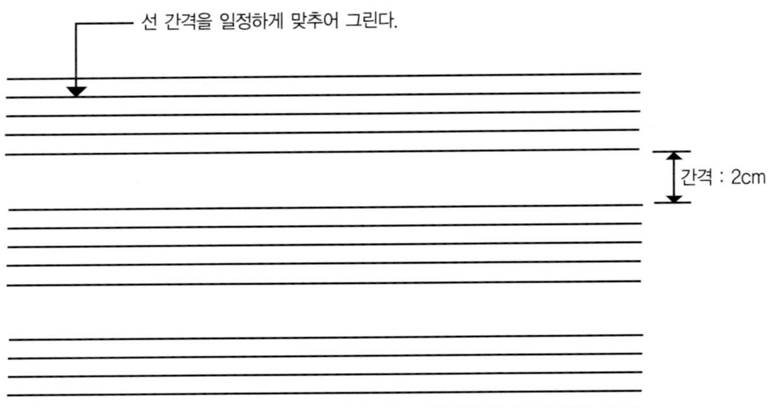

2. 곡선

곡선의 선의 굵기는 직선과 마찬가지로 가늘고 섬세하게 그리는 것이 중요하다. 곡선의 높이와 간격은 곡선의 크기와 형태와 크기에 따라 비율에 맞추어 그린다.

- 각 곡선마다 시작 위치와 끝나는 위치가 동일해야 한다.
- 4~5줄 드로잉 후 곡선의 크기에 따라 적당량을 띄우고 반복적으로 드로잉하는 방식으로 칸을 모두 채워야 함. 연습할때는 곡선의 산

높이와 기울기가 동일한 위치에 오도록 수평을 잘 맞추어야만 아름다운 곡선을 그릴 수 있다.

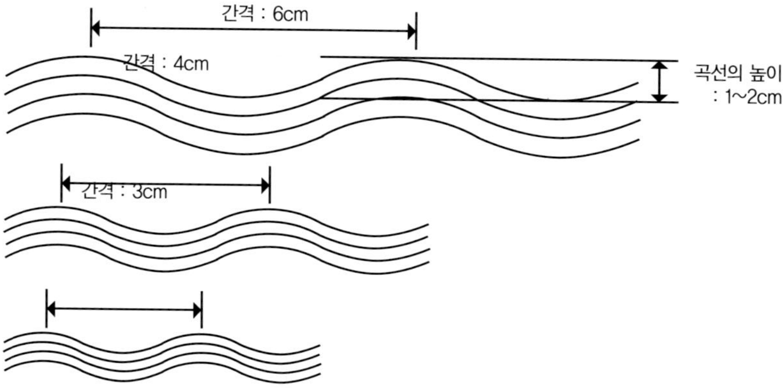

* 여러가지 간격의 곡선을 가로와 세로로 그릴 수 있도록 연습할 것.

● ● 곡선 세로
여러가지 간격의 곡선을 연습한 후 세로로 다시 연습한다.

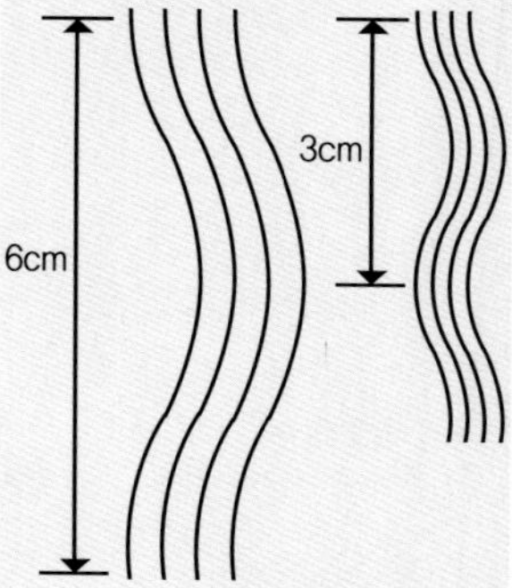

3. 물방울

- 물방울 안을 채우는 것이 아니라 선만 그려야 선의 형태가 동일한지 동일한지 알 수 있다.
- 각 물방울마다 시작 위치와 끝나는 위치가 동일해야 하며, 선의끊김이 없어야 하며 수직과 수평을 맞쳐 그려야 한다.
- 위와 같은 물방울 상하 대칭 2줄 드로잉 후 2cm 뛰우고 다시 2개 드로잉하는 방식으로 칸을 모두 채워가며 연습한다.

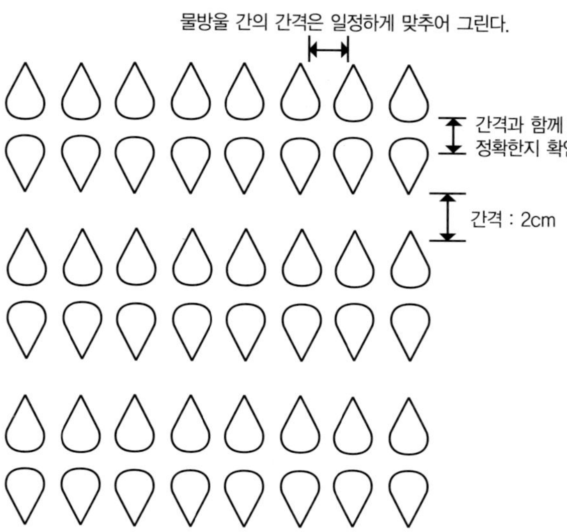

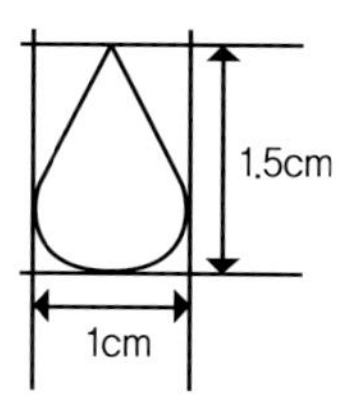

● ● 크기별로 연습

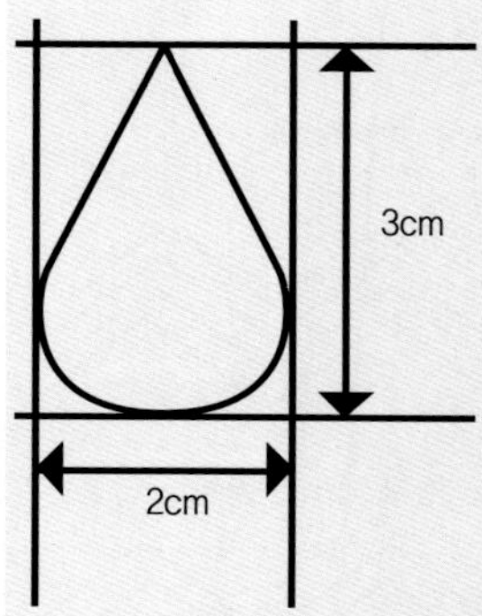

4. 꺽인 직선(꺾은선)

- 선의 길이는 각변이 2cm이며, 각도는 90° 정도를 기본으로 크기를 변경하며 연습한다.
- 각 꺽인선마다 시작 위치와 끝나는 위치가 동일해야 하며 선의 끊김이 없어야 하며 각도를 잘 맞쳐 선이 일정한 방향성을 가져야 한다.
- 위와 같이 드로잉 후 2cm 띄우고 다시 드로잉하는 방식으로 칸을 모두 채워야 한다.

●● 잘못된 예

① 점점 줄어드는 경우

② 점점 커지는 경우

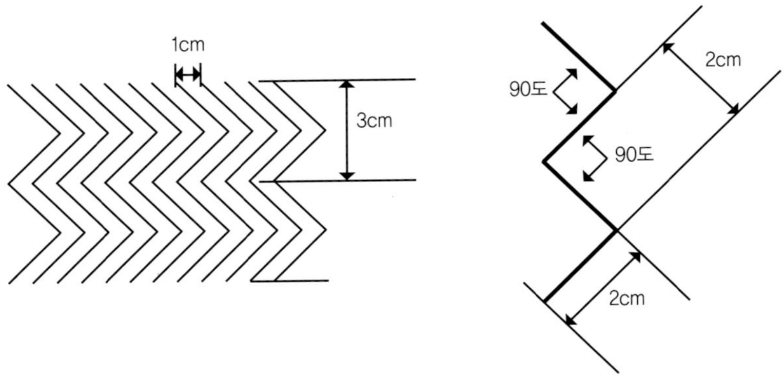

*각도가 맞지 않은 경우엔 꺽인직선이 점점 커지거나 작아지게 되므로 각도와 길이등을 중시하여 그려준다.

같은 형태의 직선이지만 세로로 꺾인것은 '꺾인 직선', 가로로 꺾인 것은 '꺾은 선' 이라 부르며 그리는 방법은 동일하다. 꺾은직선도 여러 기울기와 크기등을 변형하여 연습하는 것이 좋다.

●● 잘못된 예

① 점점 각도가 퍼지는 경우

② 점점 각도가 줄어드는 경우

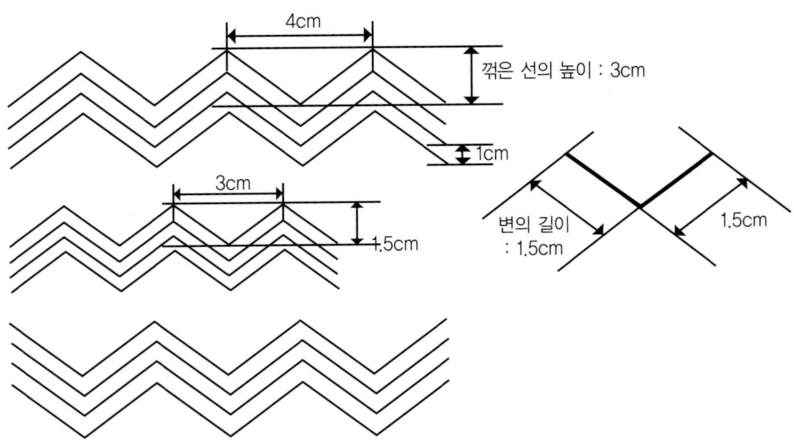

5. 원

선의 굵기는 가능한 가늘고 섬세하게 그리며 원과 원의 간격을 일정하게 두고 원의 크기는 지름을 여러가지로 안을 채우지 않고 선만 그리며 형태가 찌그러지지 않도록 그려야 함.

- 각 원은 시작 위치와 끝나는 위치가 동일해야 하며, 선의 끊김이 없어야 함
- 3개씩 3줄로 드로잉하며 연습해야 하며 가능한 칸을 모두 채어 그리는 것이 좋다. 수평과 수직, 동일한 크기와 형태를 유지시키며 연습하며, 원이 찌그러지지 않도록 형태를 안정되게 그리는 것이 중요하다.

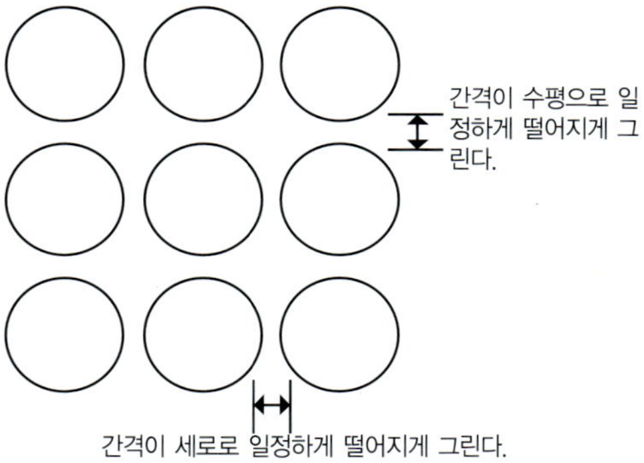

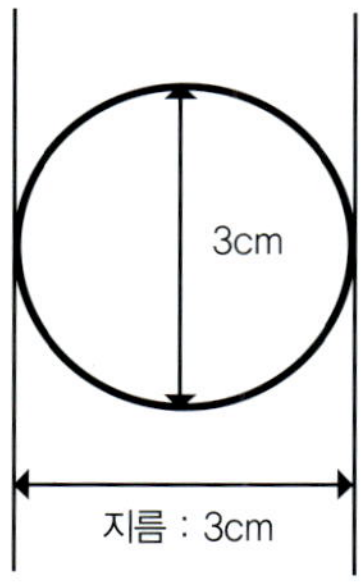

●● 기본 원 연습이 끝나고나면 1~6 cm 까지의 지름 원을 두가지 방식으로 그려본다.

① 작은 원부터 시작

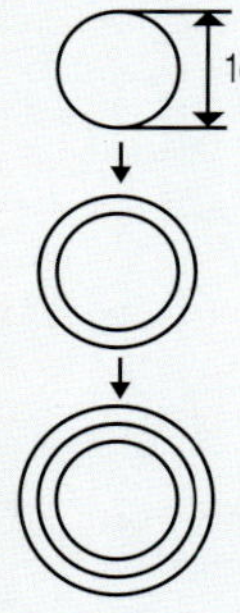

② 큰원부터 시작

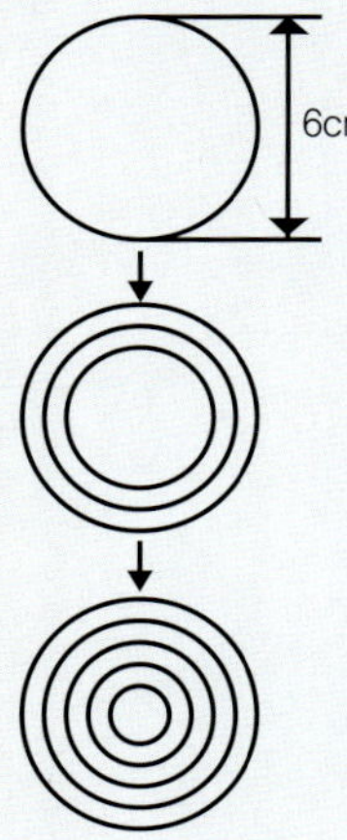

6. 파행곡선(갈고리)

파행곡선의 수평을 잘 맞추어 일정한 간격을 두고 그려 주어야 한다. 방향은 2가지로 서로 엇갈리게 표현되어지며 이와 비슷한 문양으로는 갈고리가 있다.

- 각 파형곡선마다 시작 위치와 끝나는 위치가 동일해야 함
- 선의 끊김이 없어야 함
- 2줄 드로잉 후 2cm 띄우고 다시 2줄 드로잉하는 방식으로 칸을 모두 채우며 2가지의 방향 모두를 연습하는 것이 중요하다.

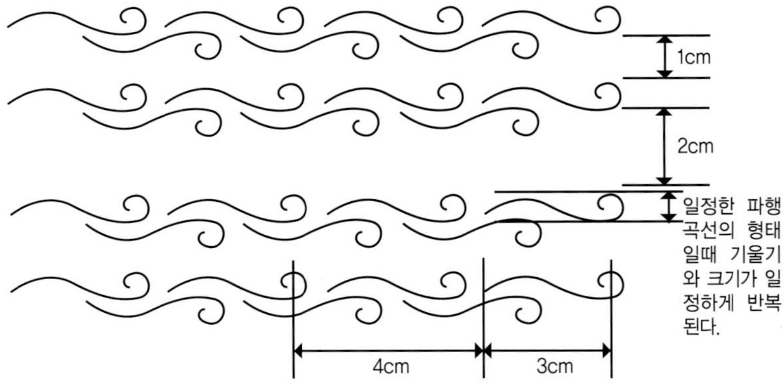

갈고리는 같은 형태의 문양을 수평으로 잘 맞추어 일정하게 그리는 것으로 크기별로 맞추어 연습하도록 한다.

① 갈고리 크기 : 1cm

② 갈고리 크기 : 2cm

③ 갈고리 크기 : 4cm

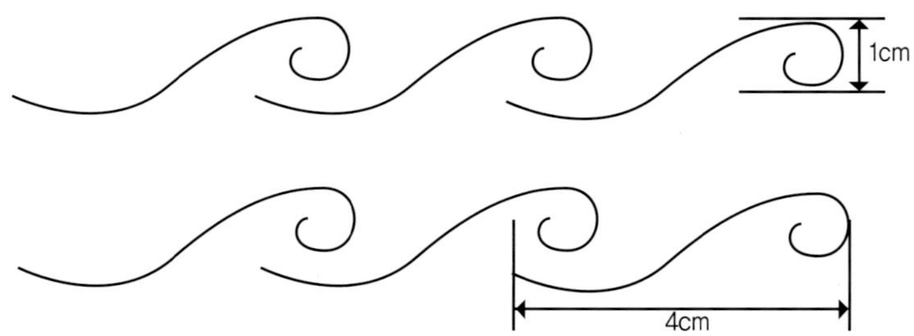

7. 스칼럽선

반복적인 헤나문양을 장식할때 많이 사용되는 스칼럽선은 여러가지 장식선들과 함께 응용되어 사용된다.

- 스칼럽선마다 시작 위치와 끝나는 위치가 동일해야 하며, 선의 끊김이 없어야 한다. 또한 스칼럽의 크기가 균일하고 동일해야 한다.
- 2줄 드로잉 후 2cm 띄우고 다시 2줄 드로잉하는 방식으로 칸을 모두 채워준다.

① 스칼럽선 : 가로

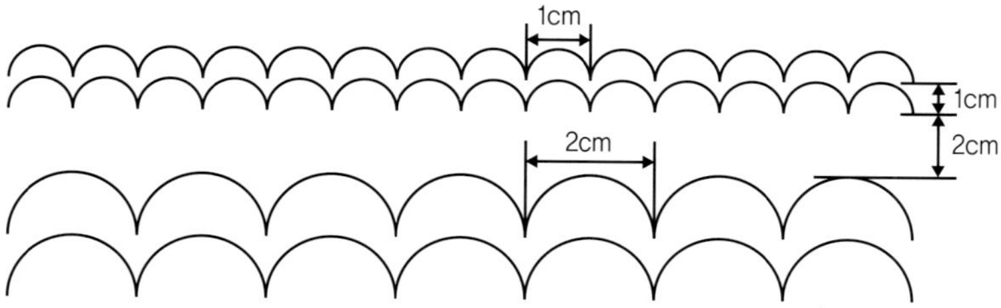

② 스칼럽선 : 세로

③ 스칼럽선 : 원

8. 꽈배기

꽈배기를 그리는 순서는 미리 익혀 수직과 수평에 맞추어 동일하게 그리는 것이 중요하다.

- 각 줄마다 시작 위치와 끝나는 위치가 동일해야함
- 연결되는 선의 위치가 뭉치지 않게 하며 난위도가 있는 문양으로 수평과 기울기가 매우 중요하다.
- 1줄 드로잉 후 2cm 띄우고 다시 1줄 드로잉하는 방식으로 칸을 모두 채우며 연습한다.

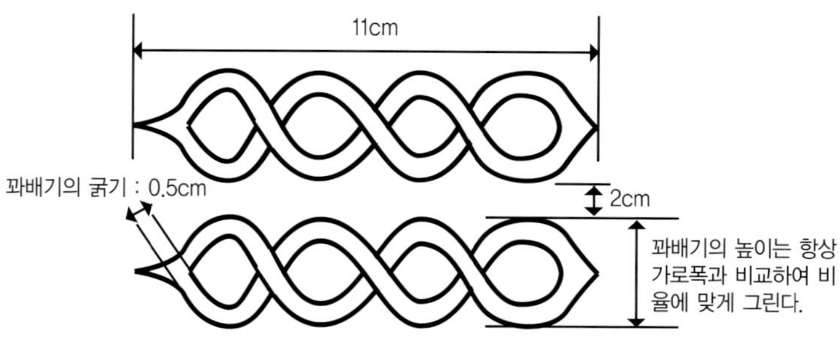

●● 꽈배기 그리는 순서

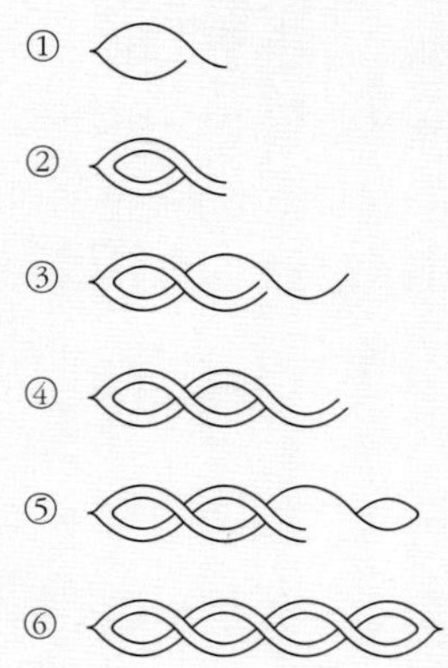

※ 문양을 그릴시엔 우선 그려야 하는 곳의 크기와 형태 위치등을 파악하여 구도를 잡고 전체적으로 조화를 이루도록 그리는 것이 중요하다.

9. 그 외 기본 문양

① 나선형

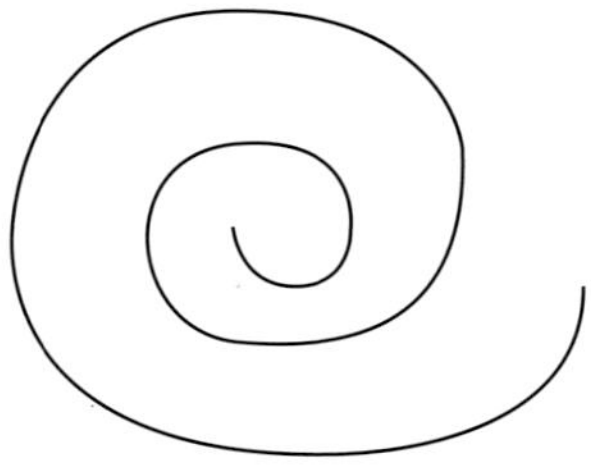

② 삼각형

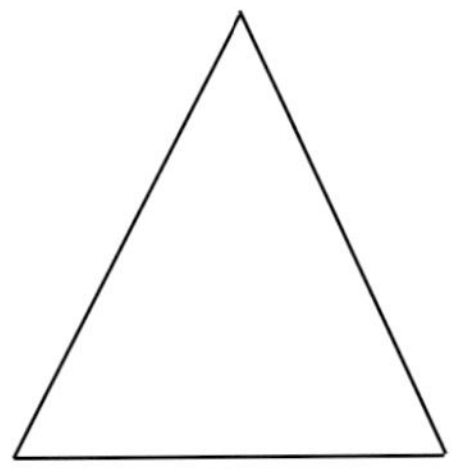

③ S자

④ 연습문양 - S자 응용

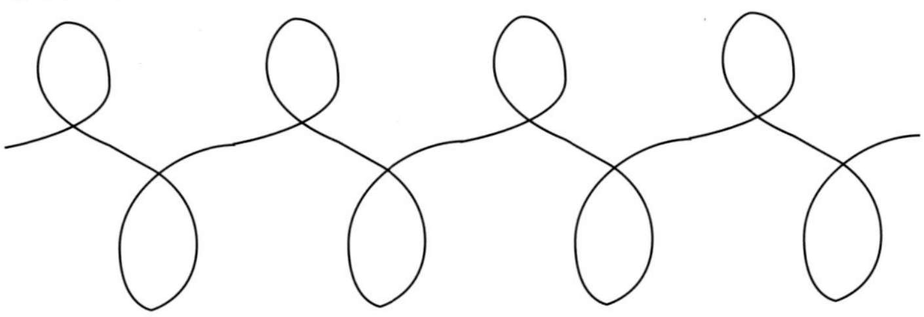

⑤ 불꽃

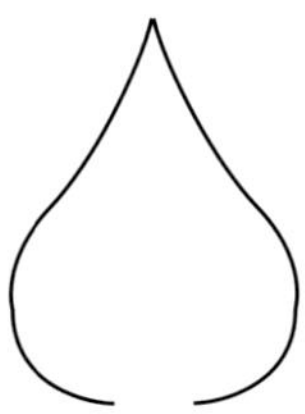

⑥ 만사(스바스티카)

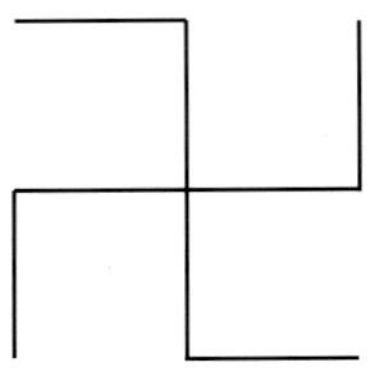

⑦ 매듭

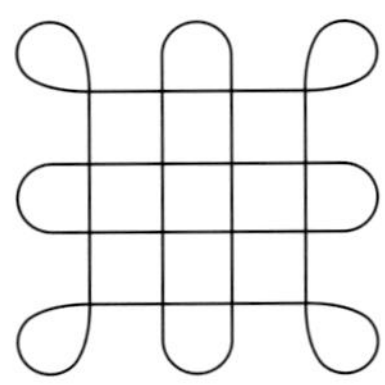

●● 매듭 그리는 순서

①

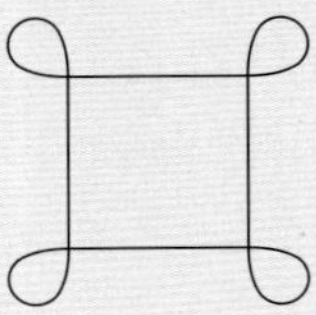

②

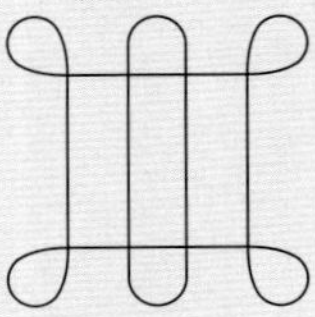

③

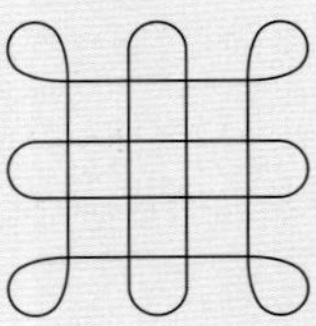

10. 여러 형태의 장식선

① 장식선 1 – 사선

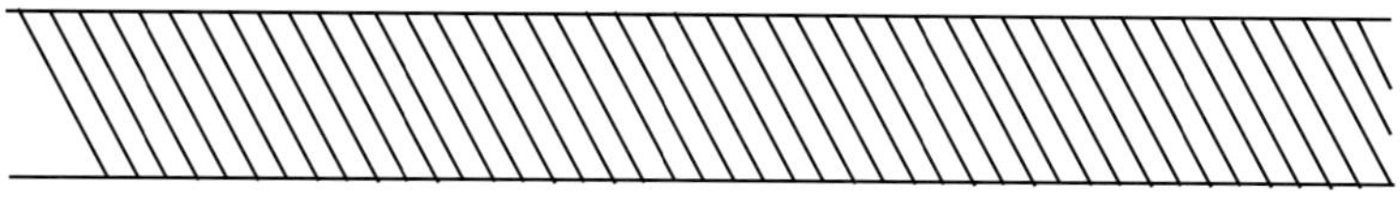

② 장식선 2 – 꺽인직선

③ 장식선 3 – 삼각형과 스칼럽선

④ 장식선 4 – 갈고리

⑤ 장식선 5 – 직선과 원

⑥ 장식선 6 – 곡선과 갈고리

SECTION 2

신화와 지역별 분류

1) 북유럽

(1) 생명의 나선

이 생명의 나선은 크게는 트리스켈리온이라고 불리는 상징 중의 하나로 특히 생명과 관련된 의미를 지닌다.

중심의 한 점에서 세 개의 가지가 뻗어 나온 형태를 트리스켈리온이라고 부른다. 이 트리스켈리온은 희랍어로 뜻 자체는 세개의 다리이며, 다양한 지역에서 사용되었던 상징인 만큼 그 변형 또한 많고 의미도 다양하다. 그 중에서도 위의 상징은 생명의 나선 'the spiral of life' 이라고 불리며 청동기 시대 이래 아일랜드의 고대 사원 유적에서 발견된 것이다.

원이나 나선은 생명 혹은 생명의 에너지를 의미하는 경우가 많은데 이렇게 세 개의 나선이 동시에 그려지는 상징은 태어나서 살다가 죽는 과정 즉 탄생, 삶, 죽음의 순환을 나타내는 강력한 상징이 되는 것이다. 이 상징은 주로 켈트족이 많이 사용하였는데, 오늘날에도 영국과 아일랜드 사이에 존재하는 맨 제도에서는 이 트리스켈리온을 문장으로 사용하고 있다고 한다.

(2) 므올니르, 토르의 망치

토르는 북유럽 신화의 뇌신(雷神 : 번개의 신)으로 북유럽의 여러 신들중에서 가장 강한 힘을 가지고 있는 신이며 토르의 망치는 북유럽 신화에서 신들도 지켜주었다고 할 정도로 강력한 힘을 가졌다.

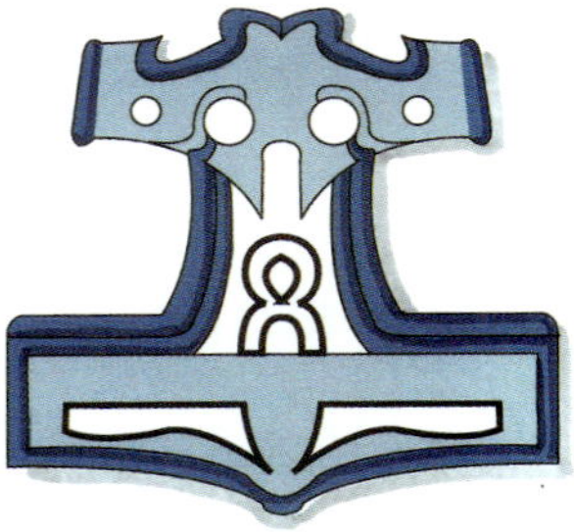

토르는 원래 강력한 신이지만, 므욜니르라는 헤머와 헤머를 휘두르기 위해 끼는 쇠장갑, 그 헤머를 매달기 위한 메긴교르트라는 막대를 사용해 더욱 더 강력한 힘을 발휘한다고 알려져 있다. 부적으로 사용되는 므욜니르는 은으로 2.3cm 작은 크기로 만들어졌다.

영어로 'Thursdau' 는 토르의 날이라는 뜻이다.

(3) 켈틱 드래곤

북유럽 신들의 몰락을 가져온 라그나뢰크에서 싸운 북유럽의 용/뱀.

위의 상징은 원래는 예술작품에서 나온 디자인이 아니라 타투(Tatoo), 즉 문신에 쓰이던 문양을 디자인 한 것이다. 문신의 문양은 사람의 취향에 따라 다양 하지만 위와 같은 켈트 문양은 특히 사랑받는 무늬중의 하나이다. 위의 무시무시한 형상은 전형적인 켈트 용 문양중의 하나로 북유럽신화에서 용은 그다지 긍정적인 상징으로 그려지지는 않는다. 보통은 보물을 지키고 있는 파수꾼, 혹은 인간보다 더한 지혜를 지니고 있는 자 정도로 나타나지만 결코 인간에게 인자하거나 무조건적 호의를 베풀어 주는 존재는 아니다.

북유럽 신화에 나오는 용 중 니드호그라는 용은 삼계를 떠받치는 이그드라실 나무에 사는 용으로서 역시 인간에게 이익을 주는 용은 아니다. 게다가 니드호그는 북유럽신화의 마지막 부분을 차지하는 거인들과 신들의 싸움, 즉 신들의 황혼으로 해석되는 라그나뢰크에서 신들에 대항하여 신들의 세계를 멸망시킨 주역 중의 하나이기도 하다. 하지만 이 싸움으로 인해 세상은 멸망하고 인간들의 새로운 세상이 열리게 되었으니 이 상징은 새로운 세상을 꿈꾸는 자에게 적당한 상징이다.

(4) 켈트 매듭

켈트 매듭은 고대 켈트인들이 사용하던 매듭으로 여행의 안전을 기원한다.

매듭에는 여러 가지 다양한 의미들이 있다. 그 중에서 부모님의 장수를 기원하는 매듭, 사랑하는 연인 사이가 오래 지속될 수 있도록 하는 매듭 등 각기 다른 의미를 지닌 다양한 매듭들이 상징적으로 사용되고 있다.

매듭은 액을 물리치는 힘을 가진 상징으로 상용되기도 하고 모순적인 상반된 상징적 의미를 갖기도 하였으며 주술사나 마술사가 주문의 힘을 만드는 도구로 사용되었는데 묶는다는 것이 의미하는 것은 제약과 동시에 결합의 뜻을 가졌기 때문인 것이다.

(5) 트리스켈리온

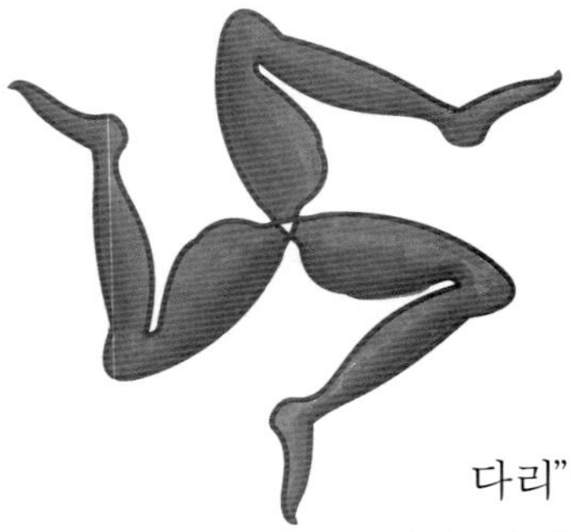

트리스켈리온은 아침, 점심, 저녁의 '태양의 움직임' 을 나타내는 세 개의 다리로 이루어진 유럽 켈트족의 상징이다.

트라스켈리온 이라는 말은 "세 개의 다리"라는 뜻을 가지 희랍어이다. 트리스켈리온 상징은 매일 아침 떠올라 한낮에는 중천에 걸렸다가 저녁이면 지는 특히 부지런히 움직이는 태양을 형상화한 것으로 세 개의 다리는 각각 아침, 점심, 저녁나절의 움직임을 나타내기도 한다.

특히나 트리스켈리온은 켈트족의 세 여신을 위한 상징이기도 하다.

이 세 여신은 각각 포틀라 'Fotla' , 에이루 'Eiru' , 반바 'Banba' 라고 불리는데 오늘날 아일랜드라는 이름도 'Eiru' 여신의 이름에서 따왔다고 한다. 하지만 이 상징은 켈트족 뿐만 아니라 그리스, 아메리카 인디언들도 사용하던 상징이다. 특히 그리스인들이 사용한 트리스켈리온은 위의 형태보다 더 단순화된 형태인데 중심에서 뻗어나온 것이 나선 모양이 아니라 다리 모양으로 되어 있으며 발전 혹은 경쟁을 의미하는 상징으로 주로 동전에 그려 넣었다고 한다.

(6) 드레곤

보물의 수호자, 혹은 숨겨진 지식을 간직한 자 등으로 그려지는 서구의 용으로 디자인된 상징이다.

서양의 드래곤과 동양의 용은 모두 용(龍)이라는 이름으로 번역되지만 동양의 전통적인 용은 여의주와 함께 그려지는 경우가 많으며 특히 발톱이 세 개로 그려진다는 점에서 서양의 드래곤과 다르다.

이뿐 아니라 의미상의 차이도 큰데 동양의 용은 주로 황제를 상징하거나, 비 등과 관계하는 경우가 많으며 즉 번개와 홍수를 불러일으키는 비의 신으로 기우제 때 섬겨지는 대상으로 푸른색의 용은 왕, 황제 등과 관련되어 왕실의 상징물이 되기도 하는 풍부한 신화들이 있다.

물론 서양의 용에도 비, 황제 등과 관련된 상징적 의미를 가지기도 하는데 일반적으로 이런 의미 보다는 보통 보물의 수호자, 혹은 숨겨진 지식을 간직한자 등으로 북유럽의 시구르트가 용을 퇴치한 실화 나 현대의 환타지물을 봐도 이러한 이미지를을 찾아 볼 수 있다.

(7) 유니콘

고대 그리스에서부터 비롯된 유니콘은 중세시대에도 널리 사용된 상징이며 힘, 내적인 아름다움, 친절함, 모든 동물에 대한 사랑 등을 나타낸다.

유니콘(unicorn)이라는 단어를 글자 그대로 풀어보면 일각수(一角獸), 다시 말해 뿔이 하나 달린 동물이라는 이름으로 번역된다. 여러 가지 원전에서 보이는 상상속의 유니콘에 대한 묘사는 대체로 일치하는데 새하얀 털을 가진 말과 비슷하게 생겼으며, 이마에 1미터가 넘는 긴 뿔이 하나 달려 있다고 한다. 생긴 모습은 우아하지만 싸울때면 아주 용맹해서 이 외뿔을 가지고 사자나 코끼리도 대적 할 수 있다고 전해진다.

유니콘에 관한 전설로 유니콘은 생긴 모습과는 다르게 매우 용맹스러워서 쉽게 잡을 수 없었으며, 오로지 젊은 처녀만이 유니콘을 사로잡을 수 있었다고 한다. 그래서 유니콘을 잡기 위해서는 다음과 같은 방법을 사용한다. 무시무시한 일각수 앞에 처녀를 데려다 놓으면 유니콘은 잠시 조용해져서 가만히 처녀의 무릎에 안기게 되고 이때에야 비로소 유니콘을 잡을 수 있다는 것이다.

이 유니콘은 기원전 고대 그리스 문화에서부터 보이지만 중세시대에 이르러 테피스트리 등을 장식하는데에도 널리 사용된 상징이다. 중세시대의 유니콘은 순수, 순결, 친절함을 의미하며, 고귀하며 동시에 고독한 동물로 여겨진다. 또한 유니콘은 숲의 다른 동물들을 보호하는 것으로도 알려져 있다. 위에 도안된 유니콘은 켈트적인 장식문양과 함께 그려진 것이다.

(8) 테트라스켈리온(스바스티카)

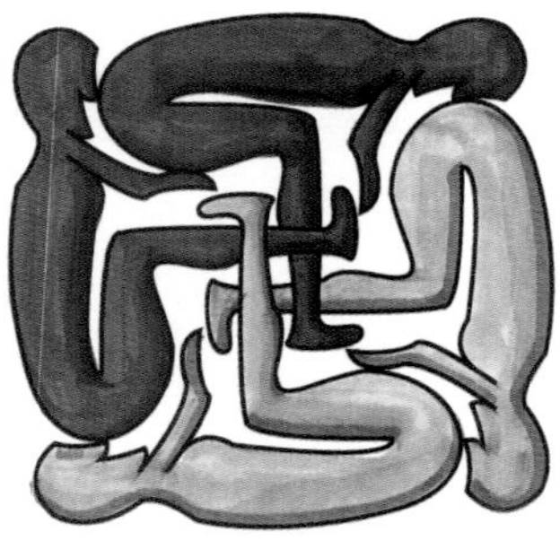

네 개의 다리라는 뜻을 지닌지닌닌 테트라스켈리온은 역사상 가장 오래된 상징중의 하나이며 유럽 켈트 족의 상징이다. 산스크리트어를 따서 스바스티카라고 불리기도 한다.

켈트 족의 테트라스켈리온이 가지는 의미는 크게 두 가지이다. 하나는 강력한 에너지를 상징하는 것이며 네 개의 다리가 결합된 모습으로도 여겼기 때문에 이동(migration)을 의미하는 것이기도 하였다. 이 상징이 현전하는 것 중에 가장 오래된 것은 유프라트세-티그리스 강유역에서 보여지며, 인더스 계곡에서도 약간씩 나타난다. 또한 인류역사상 가장 오래된 문명인 수메르 문명에서도 스바스티카 문양을 사용하였다.

유럽 켈트족의 다른 지역에서도 테트라스켈리온을 사용하기는 하였지만 기독교 성립이후에는 북유럽 문화권을 제외하고는 이 상징을 사용하지 않게 되었다. 이는 아마도 스바스티카(테트라스켈리온)가 불교를 나타내는 상징이며 따라서 반 기독교적인 것으로 여겨졌고 또한 이교도 국가인 그리스에서도 자주 사용된 상징이기 때문이다.

(9) 발크노트

북유럽의 주신 오딘신을 나타내고 오딘신과의 결속과 신으로부터의 보호를 의미 하는 상징이자, 복잡한 의미를 담고 있는 강력한 상징이다.

세 겹의 매듭은 오딘과 베(We), 빌리(Wili)라는 오딘과 그의 두 동생들을 나타내기도 하고 오딘이 가지는 버금, 으뜸, 딸림 이라는 세 속성을 나타내기도 한다.

발크노트라는 말 자체는 "살해의 매듭(Knot of the slain)" 이라는 뜻으로 오딘신에게 바쳐지는 상징이며 묶는다는 의미의 매듭상징은 그것을 지니고 다니는 사람을 오딘 신에게 결속시켜주는 상징이다. 발크노트에는 두 가지의 종류가 있는데 첫째는 서로 끊어지지 않도록 이어져서 삼각형 모양을 만들어내는 것이고 두 번째는 단순히 세 개의 삼각형이 겹쳐진 형태의 것이다. 여기 있는 이 상징은 첫 번째 종류의 발크노트이다.

발크노트의 형태가 삼각형이여야 하는지 아니면 역삼각형 이여야 하는지는 명확하지 않으며 아마도 관계가 없거나 삼각형인지, 역삼각형인지에 따라 혹은 펜타그램처럼 긍정적, 부정적 효과를 나타내게 되는 것 같다.

(10) 불꽃 트리스켈리온

트리스켈리온이라는 말은 '세 개의 다리' 라는 뜻을 가진 희랍어다. 트리스켈리온은 하나의 존재를 이루는 세가지 속성을 나타낸다. 달리 말하면 '삼위일체' 의미를 띄는 상징이다.

이 상징은 세계 여러 문명권에서 발견되지만 그 중에서도 특히 켈트족에서 가장 자주 발견되었다. 켈트족은 기원전 500년까지 유목-전사 종족으로 중앙유럽에 정착해 살던 고대민족이다. 이들 켈트족들에게 트리스켈리온은 매일 아침 떠올라 한낮에는 중천에 걸렸다가 저녁이면 지는 부지런한 태양을 상징한다. 뿐만 아니라 트리스켈리온 상징은 여신이 가지는 처녀, 어머니, 할머니로서의 세가지 성격을 나타내기도 한다. 뻗어 나오는 세 팔은 또한 우주를 통해 전개되는 생명력의 운동을 표현한다고 한다. 나아가 이 상징은 스와스티카(卍)상징처럼 행운의 부적으로 사용되기도 했다. 그 의미가 여러가지인만큼 또한 여러가지로 변형된 트리스켈리온 형상들이 발견되는데, 그중에서도 이 상징은 불꽃과 트리스켈리온을 합해서 트리스켈리온이 가진 태양의 이미지를 살린 문양에서 유래한 것이다.

2) 아즈텍 마야

마야는 고대 멕시코 및 과테말라지역, 즉 중앙아메리카의 정글지역를 중심으로 번성한 인디오 문명을 말한다. 아스텍문명이 멕시코 중심부에 영향을 미쳤다면, 마야는 중앙아메리카 일대에 큰 영향을 끼쳤다. 한편 이들 마야문명의 사람들은 독특한 상형문자, 특이한 예술, 과학, 복잡한 정치체계 등으로 구성되는 매우 발전된 독자적인 문명을 이룩하였다.

아즈텍문명은 15세기부터 16세기 초 멕시코 중부와 남부 지역에서 구가를 이루었던 문명을 말한다. 흔히들 멕시카족이라고 부르는데 본래는 멕시코 북방에 살던 부족들로 옥수수를 재배한 농경민이었다.

아즈텍 부족의 신앙형태를 보면, 우선 그들의 주요한 종교활동은 산 제물로 바쳐 피의 희생제의를 거행하는 것이었다. 이들은 태양 중심의 세계관에 기초하여, 태양이 움직여 세계가 지속되도록 하려면 태양신에게 인간의 피를 희생제물로 바쳐야만 한다는 신앙을 가지고 있었기 때문에, 희생제의는 가장 중요한 신앙대상인 태양을 향해 거행되었다고 한다. 이러한 피의 희생제(sacrifice)를 위해 산 제물이 되는 것은 항상 전쟁포로였다. 그렇기 때문에 아즈텍족이 전쟁을 일으키는 주요 목적 중에 하나는 희생제물이 될 포로를 얻는 데에도 있었다. 전쟁을 통해 얻어진 희생제물, 즉 포로는 살아 있는 채로 제단 위에 올려졌고, 돌칼로 가슴을 쪼갠 뒤 심장을 태양에게 바쳤다.

태양신에 대한 제사와 함께 멕시코 전역에서 중요한 의례였던 것은 '틀랄록(taloc)' 에게 바치는 제사였다. 농경 부족이었던 아즈텍부족에게 틀랄록은 수 세기 동안이나 주요신들 가운데 하나였다. 틀라록은 '만물을 싹트게 하는 자' 라는 뜻으로, 3 ~ 8세기 멕시코 고원의 테오티와칸 문화에서부터 신으로 숭배되었으며, 큰 눈에 송곳니를 가진 아즈텍족의 대표적인 비의 신(雨神)이다. 이 신을 위한 의례에서도 산 사람이 희생 제물로 바쳐졌는데, 특히 가뭄이 올 경우 아이들을 희생재물로 바쳤다고 한다.

(1) 아즈텍 스탬프

고대 아즈텍 문명의 문양으로 행운의 부적이다. 현대에는 헤나(Henna)의 문양으로 사용되고 있다. 엔시소(Jorge Enciso)가 쓴 "고대멕시코의 디자인 모티 프 (Design Motifs of Ancient Mexico)"라는 책에 수록되어 있는 디자인 가운데 하나이다.

(2) 아즈텍시장

고대 아즈텍문명에서 시장표시로 사용하던 상징이다.

수없이 찍혀진 발자국은 돈을 부르는 손님들의 발자국으로, 사업의 번성을 기원한다.

(3) 멕시코 용

대 멕시코인들에게 자연의 원초적 힘, 즉 우주 안이나 인간 안에 잠재되어 있는 원초적 에너지를 담은 상징이다.

고대 멕시코의 용 상징은 부정적인 의미의 절대적 악을 상징하기보다 혼돈과 분화되지 않는 에너지를 나타낸다.

고대 멕시코 종교에서는 여러 가지 신기한 종류의 뱀 상징이 매우 중요한 의미를 지니며 농경사회에 가장 중요한 비를 관할하였다.

(4) 재규어 버드

몸을 구부리고 있는 (crouching) 재규어버드는 재규어-뱀-새(Jaguar-serpent-bird)의 약자다. 재규어-뱀-새는 마야문명이 보여주는 전쟁에 대한 용사를 상징하는 형태로서, 전쟁과 투쟁, 경쟁을 상징한다.

(5) 엘발르 스텔라

마야문명에서 비와 번개의 신 차크(Chac)의 여러 모습가운데 하나로 차크는 날씨를 통제하는 신이다.

차크는 고대중앙아메리카에서 가장 오랫동안 계속적으로 숭배되어 온 신이다. 차크의 여러 모습 가운데 이 형상은 '엘발르 스텔라(El Bal Stela)' 라고 불린다.

(6) 틀라록의 뱀

고대 농경민에게는 생명과도 같았던 비를 내리게 만드는 아즈텍인들의 상징이다.

고대 멕시코에서는 용(Drgaon), 이구아나 신비한 뱀과 같은 종류의 동물상징이 큰 중요성을 가지고 있었으며, 아즈텍의 풍요신이었던 틀라록도 뱀 상징을 통해 표현된다. 또한 두 개의 머리를 가진 뱀 상징인 틀라록의 뱀(Tlaloc Serpent)은 생명을 주는 비, 풍요, 다산을 상징한다. 특히 '틀라록(Tlaloc)' 은 아즈텍문명의 중요한 의례인 기우제를 말하기도 하며 이 제사에서 틀라록의 뱀 상징이 사용된다고 한다. 또한 이 상징은 오늘날에까지 이와 유사한 의미로 미국에서도 사용되고 있다고 한다.

(7) 아즈텍 이글

아즈텍 최고의 태양신 케찰고아틀이 가지는 강력한 힘을 담은 수호상징으로 아즈텍신의 보호를 받을 수 있게 해주는 상징이다.

고대 아즈텍 문명에서 태양을 아즈

텍 최고의 숭배대상이자 케찰코아틀 신의 상징이기도 하며 이 문명에서의 독수리는 태양을 상징하는 신비의 동물이었다.

3) 이집트

(1) 호루스의 눈(Utchat)

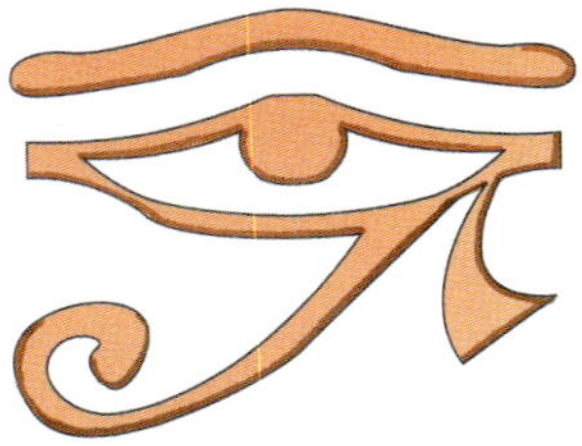

위대한 호르스의 눈이라 불리우는 이 상징은 고대 이집트에서 스카라베우스라는 갑충석과 함께 널리 사용되었으며 호신용 상징으로 사용되는 동시에 관, 벽관 등에 새겨져 악귀를 물리치는 강력한 수호상징이다.

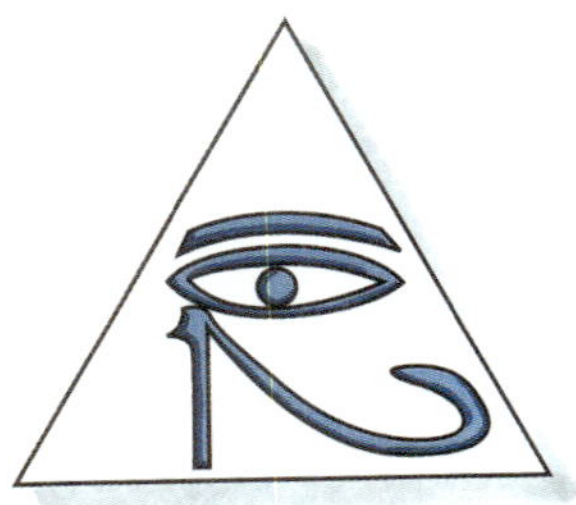

호르스는 이집트 신화에 등장하는 위대한 신 오시리스 남신과 이시스 여신의 자식으로 "매의 모습"으로 그려지는 신이다. 이집트 신화에서는 오시리스 신의 적대자 세트가 오시리스를 살해 하였는데 호루스 신이 자라서 아버지의 복수를 하던 중에 왼쪽 눈을 잃었다고 한다. 이 눈은 '우자트(Utchat)'라고 불리고 그림에서 눈 밑으로 빠져나온 선은 매의 깃털을 나타낸다.

(2) 콥트의 우로부로스

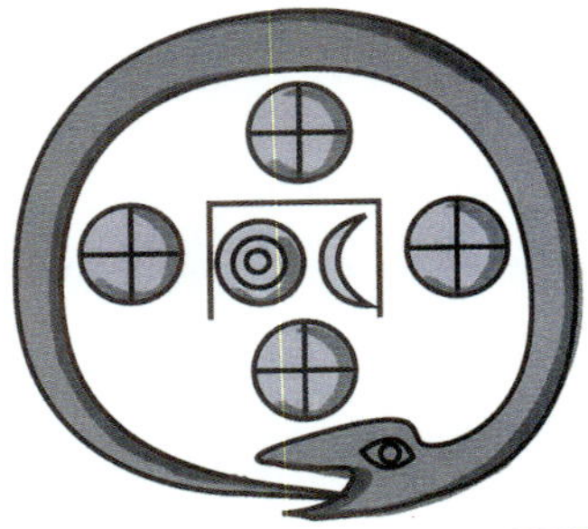

고대 이집트인들의 상상속 세계도이자 우로보우스는 끊임없이 소멸과 탄생을 거듭하며 이어지는 우주를 상징하는 도형이다.

기독교가 이집트에 유입된 이후 이집트교회(콥트교회)가 설립된 이후의 이집트 토착민을 가리키는 명칭이 바로 콥트인이며 이 그림의 가운데 태양과 달을 그리고 동서남북 사 방위를 상징하는 도형을 그려 넣음으로서 그 당시의 콥트인들이 생각하는 세계에 대한 개념을 알 수 있다.

이집트 승려인 하라폴론(harapollon)은 우로보로스에 대해 다음과 같이 말한다. "세계를 나타내고자 할 때 사람들은 꼬리를 입에 물고 있는 몸뚱이에 비늘이 흩어져 있는 뱀을 그린다. 비늘은 우주 안의 별들을 나타낸다. 이 짐승은 흙처럼 무겁고, 물처럼 미끌미끌하다. 그리고 우주 안에서 해가 바뀌어 새로 태어나듯이 이 짐승은 그의 나이와 살갗으로부터 허물을 벗고 나온다. 그리고 자기 자신의 몸뚱이를 식량으로 섭취하는 것은, 신의 섭리에 의해서 우주 안에 배태되어 있는 모든 사물이 자기 자신으로 새로이 변화되어야 함을 의미한다."

(3) 알파와 오메가

이 형상은 처음 목표한 것을 이룰 수 있는 힘과 에너지를 주는 고대 상징이다.

6세기경 이집트에서 만들어진 상징으로 앙크 모양과 비슷한 십자형과 희랍 알파벳의 첫 문자인 알파와 끝 문자인 오메가로 이루어진 상징이다.

앙크란 이집트의 고리달린 T자형 십자가를 말하는데 남성 상징과 여성 상징이 결합된 것으로 생명과 자여의 결실을 상징하며 지혜를 밝혀내는 지식의 열쇠를 뜻한다.

헬레니즘 시대에 우주의 시작과 끝으로서의 절대적 존재인 신을 상징하는 그리스 알파벳의 첫 번째 문자와 마지막 문자인 알파 '와 오메가' 는 나이가 기독교 신자들의 무덤에 세겨져 있었는데 이 문자들은 '죽은 사람이 바로 하나님 안에서 시작과 마지막 목표를 알았다' 라는 의미를 나타내며 종교적 의미를 띄고 있다.

생명과 결실의 상징인 앙크와 시작과 끝의 완결을 상징하는 알파와 오메가를 함께 함축한 이 형상의 힘은 학업이나 학문적 연구에서 의미있는 결실을 얻을 수 있는 힘을 줄 수 있다.

(4) 스카라베우스와 태양

고대 이집트에서 특히 인기가 있었던 케페르 신의 상징, 머리위에 태양을 얹은 스카라베우스.

이 상징은 그리스어로는 스카라베, 스케럽, 스카라베우스, 케페르(Kheper) 등 여러 가지 이름으로 불린다. 보통 스카라베라고 부를때는 쇠똥구리, 갑충 등의 곤충을 나타내고, 케페르라고 하면 이러한 쇠똥구리로 상징되는 신을 말한다.

쇠똥구리의 모습을 담고 있는 상징, 도장, 공예품들이 수만개나 출토되고 있을 정도로 이집트에서는 이스카라베우스는 앙크와 더불어 이집트의 대표적인 상징 중 하나이다.

쇠똥구리는 재미있는 습성을 가지고 있는 곤충이다. 쇠똥구리는 이름대로 다른 짐승들의 똥을 둥그렇게 뭉쳐서 제 보금자리로 굴려가서는 거기다 알을 낳고 부화를 한다. 이집트인들은 이렇게 똥을 뭉쳐서 굴려가는 쇠똥구리의 모습을 보고 하늘 위의 태양도 거대한 쇠똥구리가 굴리는 것이라고 상상했다. 그래서 하늘 위에 있을 거대한 쇠똥구리의 신이 바로 케페르가 된 것이다. 이런 까닭에 스카라베우스는 평범한 쇠똥구리의 모양으로 그려지기도 하지만 위에 있는 상징처럼 머리 위에 태양을 얹은 형태로 그려지는 것이다.

스카라베우스는 이 쇠똥 위에 알을 낳아 부화시키기 때문에 재생, 창조 등을 의미하는 상징이기도 하다. 특히 창조신인 아톤 신과도 아주 밀접한 연관을 가지고 있다. 또 언제부터인가 고대 이집트에서는 미이라에 스카라베우스 상징을 올려놓게 되었는데 이는 죽은자가 저승에서 심판을 받는 과정과 관계있다. 이집트의 사후세계에는 죽은 자가 자신의 심장 무게를 정의를 상징하는 마아트의 깃털보다 무거운지 가벼운지 재어보게 된다.

이때 스카라베우스가 죽은 자의 죄과를 덜어주는 역할을 하게 된다. 그래서 스카라베우스 상징 밑에는 '나에게 해로운 증언을 하지 마세

요' 라는 주문이 새겨지곤 한다. 즉 스카라베우스는 그 소유자에게 도움을 주는 힘을 가지고 있다.

(5) 앙크

설명이 필요없을 정도로 잘 알려진 '앙크' 는 고대 이집트의 대표적 상징으로 생명을 의미한다.

고대 이집트 문화는 많은 유물과 유적들을 남겼고, 그 유물, 유적 하나하나에는 신화적 기원이 붙어 있다. 또한 이집트 신화 내용 역시 그리스-로마 신화 못지 않게 풍부하다. 물론 고대 이집트는 역사상 가장 많은 상징체계를 만들어낸 것으로도 유명하다.

하지만 그 중에서도 이집트를 대표하는 상징이라면 앙크(Ankh)를 빼놓을 수 없을 것이다. 앙크 상징은 그 역사가 너무도 오래된 탓에 기원을 명확히 밝힐 수 없다. 오시리스로 대표되는 남성의 상징과 이시스로 대표되는 여성의 상징이 결합되어 만들어졌다는 설도 있고, 심지어 이집트인들의 샌달을 묶는 가죽끈의 모양이라는 설도 있다.

이렇듯 그 기원에 관해서는 여러가지 설이 있지만 앙크가 지니는 의미에 대해서는 많은 학자들이 모두 비슷한 견해를 가지고 있다. 그것은 앙크가 바로 '생명' 을 나타낸다는 것이다. 이집트의 신이나 파라오의 모습이 그려진 대부분의 그림들에서 그 신들이나 파라오들의 손에 앙크가 쥐여져 있는데, 이 때 앙크가 이들의 영원한 생명을 나타낸다고 한다. 널리 알려진 상징들이 그러하듯 앙크에도 한가지 의미만 담겨 있는 것은 아니다. 앙크는 영원한 생명을 나타내는 동시에, 숨겨진 지혜를 밝혀내는 지식의 열쇠, 힘, 권위 등도 함께 의미하고 있다.

위에서 보이는 앙크의 모습은 T형 십자가 위에 타원형이 올려진 형태이다. 이 형태에 대해서도 여러가지 해석이 있다. 그 중 몇가지를 소개하면 다음과 같다. 첫째 앙크는 타원형인 이시스의 상징과 T형인 오시리스의 상징이 결합된 형태이다. 이시스와 오시리스는 각각 여신과 남신으로서 대지와 하늘을 나타낸다. 따라서 앙크는 하늘과 대지가 결합한 형태로 하늘과 대지는 우리 인간에게 생명을 주는 자연이다.

따라서 앙크는 이집트의 신들, 파라오, 인간들에게 생명을 내려주는 상징이다. 둘째 앙크는 지평선 위에 떠오르는 태양을 상징한다. 셋째 앙크는 카발라(Cabbalah :유대교의 신비주의)의 생명의 나무와 같은 것이다. 즉 타원형 부분은 시작도 끝도 없는 원으로 영원을 나타내고, 십자가의 모습은 종횡으로 끝없이 퍼져나가는 모습으로 시간과 공간의 무한성을 나타낸다고 한다.

앙크는 앙크 자체만으로도 하나의 훌륭한 상징이지만 여러가지 다른 것들과 복합적으로 나타나며, 소년왕 투탄카멘의 묘에서는 앙크의 모습을 한 상자가 출토되었으며, 이집트인들이 즐겨 사용하던 악기인 시스트룸도 바로 앙크의 모습을 하고 있다.

앙크 십자가는 현대에 이르기까지 다양한 변화의 역사를 가지고 있다. 중세시대 연금술사들은 앙크십자가를 금성의 상징기호로 사용하였다. 금성은 영어로 비너스Venus라고 한다. 비너스는 로마신화에서 아름다움의 여신으로 숭배되는 여신이다. 그렇기 때문에 이 비너스의 기호는 오늘날에는 다시 여성의 기호로 쓰이고 있다.

(6) 보나 데아

보나 데아는 신비의 여성/여신의 이미지를 보여주는 상징이다.

왕조가 생기기 이전인 고대 이집트의 여신상에서 유래한 상징이기는 하지만 로마인들이 섬겼던 보나 데아라는 여신과의 모습과 이 상징이 꼭 닮았기에 이런 이름이 붙었다.

상징의 이름인 보나 데아는 라틴어로는 좋은 여신이라는 뜻을 가지고 있다. 두 팔을 머리위로 올린 이 우아한 여인상은 애석하게도 어떠한 신화적 배경도 남아있지 않다. 세계적으로 가장 오래된 문명 중의 하나인 이집트에도 아직 왕국이 건설되기 이전으로 기원전 3500년에서 2900년 사이에 만들어진 여신상이다. 이 시기의 이집트 신화는 단지 몇 몇의 유물만이 전해지고 있는데 그 중에 이 우아한 여성의 모습을 한 테라코타가 들어 있다.

이 시기의 이집트 신화는 우리에게 알려지지 않고 있기 때문에 이 여인상의 해석은 위대한 여신의 모습을 숭배하기 위해서일 수도 있고, 그저 단순한 예쁜 조각일 수도 있다. 다만, 이렇게 우아하고 아름다운 여성의 이미지는 풍요를 내려주는 자비로운 여신의 모습을 담은 것이라는 설명이 가장 타당하다. 또한 보나데아는 현대에 들어와서 오컬트 단체, 신비주의 등에서도 자주 사용되고 있기도 하다.

(7) 아톤

고대 이집트에서 태양의 신이자 세계의 신성한 지배자로 섬겨졌던 아톤의 상징이다. 이 상징은 앙크나 스카라베우스 만큼 자주 등장하는 이집트 상징은 아니지만, 그에 못지않을 만큼 대표적인 이집트의 상징이다.

이 '날개 달린 태양' 은 이집트 신화 속의 아톤(Aton)신을 나타낸다. 이 상징의 의미를 알기 위해서는 이집트 신화 속에서 아톤 신이 어떠한 지위를 가졌는 지를 알아야 한다.

이집트에는 수많은 신들이 있다. 위대한 신들만 세보아도 아문, 오시리스, 호루스, 게브, 누트, 네프티스, 하토르 등등 셀 수 없을 정도이다. 시중에 나오는 이집트 신화서적 중 안에 담긴 신들의 숫자를 세어보면 손쉽게 200여명이나 되는 신들의 이름을 볼 수 있을 것이다. 이렇게 많은 신들이 있지만 그 중에서도 아톤 신은 아주 특별한 위치를 차지하고 있다.

원래 아톤신은 여러 다른 신들 중 그저 단순히 하나의 태양신에 불과했지만 기원전 14세기경에 아케나텐이라는 파라오가 즉위하면서 사정이 바뀌게 된다. 이유는 정확히 밝혀져 있지 않지만 아케나텐 파라오는 이집트의 다른 모든 신들에 대한 숭배를 금지하고 오로지 아톤만을 숭배할 것을 명령한 것이다.

이른바 이집트 종교가 유일신 종교로 전환된 것이다. 그 당시 아톤 신은 태양의 지배자, 하늘의 지배자, 세계의 창조주 등으로 묘사되었으며, 신성과 완전함, 힘을 상징하게 된다. 즉 가장 위대한 상징인 것이다. 하지만 아케나텐 파라오가 죽은 후 몇 년 뒤 즉위한 소년왕 투탄카멘 때에 이르러 이러한 아톤 신앙은 쇠퇴하고 아톤신앙의 중심지였던 아케나텐이라는 도시도 몰락하고 말았다.

(8) 이집트의 연꽃

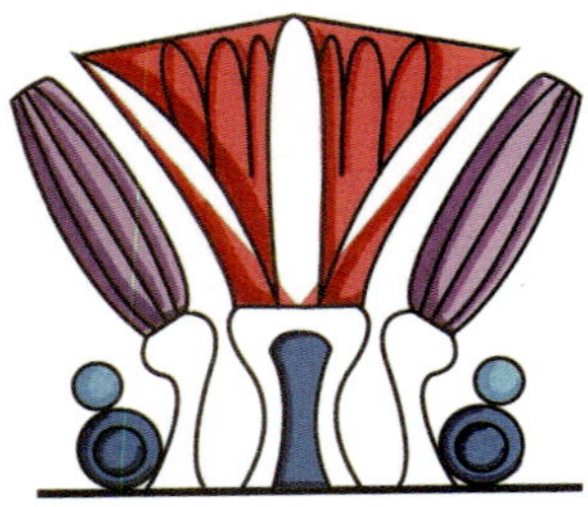

고대 이집트에서 신들의 식물로 여겨졌던 연꽃상징에서 유래한 것으로 권력과 풍요로움을 상징한다. 이집트엔 세가지 종류의 연꽃이 있었는데, 그 중에서 푸른 연꽃(Nymphaea cerulea)이 가장 성스럽게 여겨졌다. 흔히 연꽃은 불교와 동양종교의 대표적인 상징으로 여기지만 불교가 성립하기 훨씬 전 고대 이집트에서도 연꽃은 종교적으로 중요한 상징으로 사용되었다.

연꽃은 밤에는 꽃잎을 다물고 물 밑으로 잠겼다가 아침이면 다시 떠올라 꽃잎을 활짝 피우는 식물로, 연꽃을 창조와 부활 상징으로 여기기도 했다. 이집트의 헤르모폴리스라는 도시의 창조신화에 따르면 태초에 거대한 연꽃이 바다 위에 떠올라 세상을 창조했다고 한다.

또한 연꽃은 부활, 창조와 관련있기 때문에 이집트 신화의 부활의 신인 오시리스의 식물로, 오시리스와 그 아들이며 이집트 신화에서 최고의 신으로 등장하는 호루스 신의 성스러운 식물이 되어 왕권과, 권위를 상징하였다.

5) 그리스 로마

(1) 아테나의 올빼미

올빼미는 지혜와 전투의 여신 아테나의 상징물이다. 아테나의 올빼미라는 말은 곧 학자를 가리키기도 한다.

고대 그리스 만신전(pantheon)에 아테나(Athena)라는 여신이 있다. 로마에서는 미네르바(Minerva)라는 이름으로 불리는 여신인데 원래 고대 그리스 도시인 아테네(athene)를 수호하던 여신이며, 지혜와 학식의 여신인 동시에 어떤 것도 막아주는 아에기스라는 방패를 들고 다니던 전쟁의 여신이기도 했다. 하지만 그녀는 전쟁을 즐기는 잔인한 여신이 아니라 어디까지나 공명정대하고 관대한 여신이었다. 이 여신은 아에기스라는 방패와 함께 올빼미를 자신의 상징으로 삼아 데리고 다녔다고 한다. 그래서 요즘도 '미네르바의 올빼미' 혹은 '아테나의 올빼미' 라는 관용어가 배움의 길에 있는 학자들을 가리키는 말로 상용되는 것이다. 또한 올빼미는 밤에도 어둠을 뚫고 볼 수 있는 능력을 가지고 있기에 이러한 지혜와 학식의 상징으로 더욱 적당한 동물이다.

(2) 유니콘

여성에게만 순종한다는 용감하고 아름다운 일각수(Unicorn).

유니콘(unicorn)은 '뿔이 하나' 라는 뜻으로 상상의 동물이다. 새하얀 털을 가졌으며, 이마에 1미터가 넘는 긴 뿔이 달려 있으며, 우아한 자태로 묘사되어 진다.

(3) 태양여신

그리스 로마 신화의 신들을 나타내는 문양가운데 하나로, 태양여신(Sun Goddess)의 상징이다.

(4) 머큐리

그리스 로마 신화의 신들을 나타내는 문양가운데 하나로, 머큐리(Mercury)의 상징이다. 머큐리는 로마의 전령신이자 상인과 여행자들의 신이다. 그리스의 헤르메스와 동일시 된다. 쥬피터와 마이아의 아들로 그는 헤르메스신처럼 날개달린 샌들(talaria)을 신고 다니며 상업과의 관련성 때문에 돈주머니를 가지고 다니는 것으로 묘사되기도 한다.

(5) 베스타

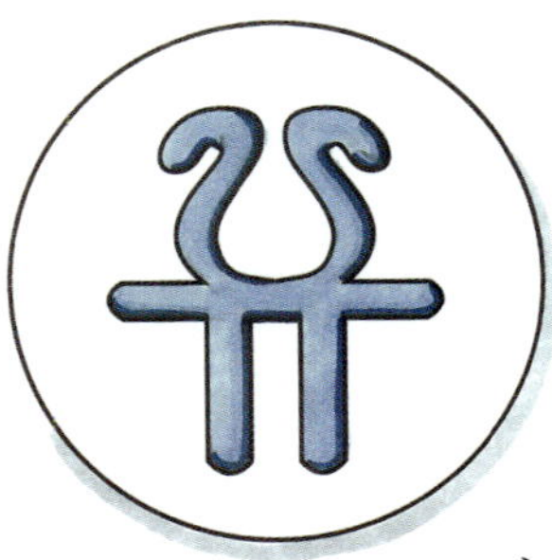

베스타신은 로마의 화덕 여신이다. 그리스 로마 신화의 신들을 나타내는 문양가운데 하나로, 화덕의 여신인 베스타(Vesta)의 상징이다.

가정의 불을 지키는 가정주부들을 위한 수호상징으로 그리스의 헤스티아여신과 동일시된다. 로마의 팔리티노언덕 밑에 베스타에게 바치는 둥근모양의 사원이 있다. 고대 로마에서는 베스타 여신에게 바치는 정교한 국가적 숭배가 행해졌으며, 국가적으로만 아니라 각 가정에서도 숭배의례를 행하였다. 베스타의 사원에는 성화를 밝혀놓고 베스타 신녀들이 그 불을 지켰다고 하는데 이 베스타 신녀들은 30년간을 수행하는 직책으로 순결을 지킬 것을 맹세하는 엄숙한 서약을 죽음의 벌을 감수하고서 맺는다. 당나귀가 베스타의 성수로 여겨져, 그녀의 축제일에는 당나귀들이 화환으로 꾸며진다.

(6) 마르스

그리스 로마신화의 신들을 나타내는 문양 가운데 하나로, 마르스(Mars)의 상징이다. 현재는 남성 상징으로 널리 알려져 있다.

로마에선 전쟁의 신이고, 최소한 초기로마의 역사에서는 농경의 신으로 나온다. 그리스의 아레스와 유사하다. 쥬피터와 쥬노의 아들로 베스타 여신을 수행하는 처녀인 베스탈리아 중 한명과 그사이에서 로물루스와 레무스를 낳았다. 로물루스와 레무스는 로마의 건국자로 여겨지기 때문에 로마인들은 스스로를 마르스의 아들이라고 칭하게 된다.

깃털장식의 투구와 방패(성스러운 Ancile), 창 등 완전한 전사복장으로 묘사된다.

종종 그의 전차를 모는 벨로나 여신과 연관되기도 한다. 3월달의 영어 명칭 마치(March)는 마르스의 이름을 따서 명명되었으며, 마르스의 축제일인 3월 1일은 옛 로마달력에서는 신년의 시작이었다.

(7) 미케네의 문어

3000년 전 미케네 문명에서 만들어진 문어상징은 위험으로부터 보호를 바라는 소망이 담겨 있다. 눈부신 하얀 외뿔의 유니콘이나 불을 내뿜는 용과는 달리 문어는 그다지 신기할 것이 없는 동물이다.

하지만 고대 그리스 사람에게 사정은 달랐던 것 같다. 내륙지대에서 살던 인도-유럽어족이 3면이 바다로 둘러 쌓인 그리스에 정착하게 되었을 때 툭 튀어나온 눈과 여러 개의 발을 가지고 있는 문어는 무척이나 기괴하게 보였기에, 고대 그리스에서 문어는 신비스럽게 여겨지게 되었다. 또한 문어가 내뿜는 검은 먹물은 문어를 더욱더 신비한 힘을 가진 이상한 동물로 여기게끔 만들었다.

위의 그림에서 보이는 문어는 지금부터 3000년도 훨씬 더 전에(기원전 1300년경 미케네 문명) 금으로 만든 그리스의 메달에 새겨진 것이다. 여덟 개의 다리가 나선형으로 감겨 있는 이 문어의 모양은 나중에 사람들의 상상력이 확대되면서 머리카락 대신 뱀을 달고 있는 무시무시한 메두사라는 괴물의 모습으로까지 발전하였다.

지금은 문어가 가졌던 신화적 의미가 잊혀지고 있지만, 한때 문어는 강력한 신비적 힘을 가졌던 동물로 여기에 디자인된 미케네 문어 부적(amulet)은 당시 사람들을 보호하던 상징이었다. 특히 문어, 메두사 등은 모두 바다의 괴물로 바다를 여행하는 사람들에게 위협이었던 동시에 보호자 역할을 하였다고 한다.

(8) 라브리스

고대 미노아 문명의 대표적 유물 가운데 하나인 이 라브리스는 매우 성스러운 유물로서 신의 권위 등을 상징한다.

희랍어로 라브리스(Labrys)라고 불리는 양날도끼는 매우 오래전부터 사람들이 사용하던 도구로 효율적인 무기이기도 하지만 종교적으로도 의미가 있는 도구로 여러가지 종교의례에 사용되었다.

몇 가지 예를 들면, 고대 희랍의 아르테미스 여신도 양날도끼를 들고 다녔으며, 희랍의 델포이 지역에서도 의례를 드릴 때 이 도끼를 사용하였다. 또 헤로도토스(기원전 6세기 경 그리스의 역사가로 '역사 Historiai' 라는 저서를 남겼다)에 따르면 고대 소아시아 지방에 있었다는 전설속의 여전사부족 '아마존(Amazon)', 여전사들도 이 양날도끼를 사용하였다고 한다.

하지만 이 라브리스가 가장 많이 출토되고 널리 알려진 것은 역시 크레타 섬의 미노아 문명에서 였다. 크레타 섬은 고대 희랍문명보다 훨씬 이전에 문명을 꽃피웠던 지역으로 크레타에서 양날도끼는 매우 성스러운 상징으로 그리스의 제우스나 인도의 시바와 마찬가지로 권력과 권위를 상징한다. 또 크레타 사람들은 신의 보호를 얻기 위해 궁전의 벽돌에 이 양날도끼를 새겼다고 한다.

라브리스(Labrys)는 래버링스(Labyrinth)라는 단어와 비슷하며, 래버링스는 미로를 의미하는 영어 단어로, 희랍어 라비린토스(Labyrinthos)에서 나온 말이다. 그리고 라비린토스는 바로 라브리스가 출토된 크레타 섬에 있었던 전설적인 미로를 가리키는 말이기도 하다. 이 미로의 한가운데는 황소의 머리를 가진 괴물 미노타우로스가 있었는데, 라브리스가 크레타 왕국의 상징물이었기 때문에 이 미로의 이름도 라비린토스라고 지었다고 한다.

라브리스는 아르테미스 여신과 많은 여신들이 들고 다녔으며 권위와 권력을 상징하는 이 라브리스가 특히 여성에게 더 도움을 줄지도 모르는 일이다.

SECTION 3 토테미즘 분류

1) 신비 – 카발라

(1) 세페르 예지라

카발라전통의 중요한 책인 〈세페르 예지라(Sepher Yetzirah)〉의 내용에 따라 구성된 히브리 알파벳들을 토대로 만들어진 도안으로, 카발라의 세계를 상징한다.

중앙의 검은 별을 둘러싸고 있는 것은 12개의 단자음(Simple Letters)으로 황도12궁(zodiac)을 나타내는 상징이다. 가운데 삼각형에는 세 개의 모음이 새겨져 있으며, 다음에는 일곱 개의 복자음(Double letters)이 있는데, 이것들은 행성과 천체를 나타낸다. 이 별의 한가운데에는 최고의 무한한 창조신이 존재한다고 한다.

이 문양은 카발라전통의 중요한 서적인 〈세페르 예지라〉에서 말하는 히브리 알파벳의 확립을 토대로 그려진 것이다. 카발라에서 히브의 알파벳은 창조의 신성한 도구로서 만물의 기초를 이룬다. 따라서 이 상징은 카발라적 세계도라고도 말 할 수 있다.

2) 사탄이즘

(1) 마녀의 상징

여자의 모습을 한 악마 혹은 사탄을 가리키는 말인 마녀(魔女, Witch)의 형상을 담은 상징이다. 가톨릭에서는 부정적인 악마의 상징

이지만, 사탄이즘에서는 숭배와 신앙의 대상이 되었다. 이 상징은 공중을 날으는 마녀의 모습으로 마녀의 역사는 매우 오래된 것으로, 고대 이집트나 인도, 그리스 · 로마 등에 널리 퍼져있고, 아프리카에서는 현재도 마녀에 대한 신앙이 있다. 그러나 마녀하면 사람들은 숭배와 신앙보다는 '마녀사냥' 에서 느껴지는 대로 주술적이고 뭔가 미신적인 부정적 이미지를 떠올린다.

특히 유럽의 마녀사냥의 역사는 실로 엄청난 것이다. 그러나 유럽에서도 중세 때까지는 마녀에 대해 관대했다. 반사회적인 행동을 했을 때만 처벌을 하는 정도였다. 그러나 십자군원정이 실패하자 가톨릭교회는 야기될 사회적 불안이나 종교적 위기를 극복할 다른 구실이 필요했고, 그것이 바로 마녀사냥이었다. 12세기 말부터 18세기 초기까지 마녀사냥은 상상을 초월할 정도로 잔인하게 전개되었다.

보통 마녀라고 하면 자연현상을 뒤바꿀 만한 저주를 퍼붓고, 인형에 바늘을 찔러 누군가를 죽게 하는 부정적인 이미지의 마녀도 있고, 병을 고치기 위해 주문(呪文)이나 약초를 사용하고, 농사가 잘 되게 하기 위해 하늘에 비를 기원하는 긍정적 이미지의 마녀도 있다. 또한 마녀들은 신비한 힘을 끌어오기 위해 비밀스런 의식을 치르기도 한다. 일종의 무당이나 샤먼과 비슷한 일을 하는 사람이라고 생각하면 될 것이다.

중세 가톨릭 나아가 기독교에서 말하는 마녀는 흔히 사탄과 비슷한 것으로 즉, 그리스도에 대한 경건한 신앙을 거부하고 악의 세력인 악마와 계약을 맺고 악마를 숭배하며, 대신 얻은 악마적 마력을 사용한다.

우리가 만화 같은 데서 볼 수 있는 하늘을 나는 마녀의 이미지 역시 가톨릭에서 만들어진 것이라고 말 할 수 있다.

3) 연금술

(1) 연금술의 우로보로스

다소 복잡한 형태의 이 뱀은 연금술의 중요 상징 중에서도 연금술에 핵심개념 및 신념을 나타내는 아우로보로스 뱀이다. 우로보로스가 원래부터 연금술의 상징이었던 것은 아니며, 고대 그리스, 이집트에서 사용되던 상징을 중세시대에 와서 연금술사들이 다시 사용하기 시작한 것이다. 그림을 보면 알겠지만 아우로보로스는 자기의 꼬리를 입에 물고 있는 뱀의 모습이다.

연금술사들에게 이 우로보로스는 〈하나에서 전체로ex uno omnia〉라는 표어로 성명되어진다. 즉 모든 물질은 근본적으로 하나이다. 혹은 각각의 요소가 하나같이 전체와 연관되어 있다. 다만 구성요소의 비율등 사소한 것들이 틀릴 뿐이며, 이는 다시 같게 되어 질 수 있다는 믿음을 나타낸다는 것이다. 철이나 구리 같은 금속들로 황금을 만들 수 있다는 생각도 이와 같은 믿음에서 나온 것이다.

연금술 철학의 핵심을 나타내주는 아우로보로스(자기 입으로 자기 꼬리를 물고 있는 뱀)라는 매우 오래된 상징은 연금술에 대한 어떠한 대가들의 저작보다 훨씬 더 물질의 단일성에 대해 잘 표현하고 있는 상징이다. 위의 상징은 전형적인 아우로보로스의 모습을 띄고 있지는 않으며, 다소 복잡한 매듭의 형태와 아우로보로스 뱀을 결합시킨 것으로 끊을 수 없는 매듭의 의미가 덧붙여져 영원한 결속과 하나 됨을 의미하는 상징이 된다.

(2) 존 디의 단자

전설적 연금술사인 존 디(John Dee)가 만들어낸 연금술의 대표적인 상징이다. 연금술사들은 이 상징이 강력한 영적 변화를 이끌어 내는 힘을 가지고 있다고 믿는다. 존 디의 단자는 우주의 운행을 가능케하는 근본적인 에너지 전체를 포함하고 있다.

연금술의 신비철학에 따르면, 신은 이 단자를 통해 에너지를 보내고 인간의 영혼을 변화시켜 신비한 직관과 창조적 에너지를 갖게 한다. 하나를 의미하는 '단자' 라는 명칭에서도 드러나는 것처럼, 이 상징은 전체로서의 하나, 하나로서의 전체라는 연금술의 기본적 교리를 담고 있다. 존 디의 신이 이 단자를 통해, 인간을 위대한 지혜와 다른 만물을 능가하는 능력을 가진 존재로 변화시킬 수 있다고 믿었다. 그래서 사람들이 이 상징을 깊이 명상함으로서, 단자가 갖는 우주적 에너지를 흡수하여 영적으로 변화될 수 있다고 확신하였던 것이다. 즉 존 디의 단자를 통해 모든 사람은 각자의 분야에서 창조적 능력을 발휘할 수 있게 된다.

존 디의 단자의 형상은 만물이 수와 비율, 기하학에 근거하여 이루어져 있다는 피타고라스의 견해를 반영하고 있다. 이 견해에 따르면 만물의 중심은 점이며, 이 점에서 시작해서 생긴 원과 직선이 모든 만물의 바탕이 된다. 중심의 점은 지구를 나타내고, 점 주위의 원은 지구를 도는 태양의 궤도를 상징하며, 원과 맞물려있는 초승달은 달을 상징한다. 존 디는 태양의 교차점이 태양과 달의 결합, 나아가 생식력을 상징한다고 말한다. 또한 태양과 달을 떠받치는 십자는 연금술에서 비밀스런 숫자로 여겨지는 3, 4, 7, 8의 모양을 함축적으로 보여주는 것이다. 특히 3과 4는 연금술의 3원리와 4원소를 나타내기도 한다.

존 디는 이 단자를 신비스런 방법으로 다양하게 조합, 해석함으로서 자신의 신비철학의 이론적 바탕이 되는 숫자들을 얻어내고 이를 바탕으로 신비철학을 확립함으로서, 사람들이 그들의 영혼을 변화시켜 '신비한 직관(gnosis : 영지)' 을 재생시키는 체험을 할 것이라는 신념을 이론화 시켰다.

4) 중세마법

(1) 마법의 손

이 손은 신의 손으로, 신성한 신의 힘을 상징한다. 중세마법 전통에서 이 마법의 손은 그것을 지니는 사람의 운명을 보호해주며 행운을 가져다주는 부적으로 사용되었다. 손의 형상은 여러 종교전통에서 신의 전능한 축복과 보호의 힘을 담은 상징으로 상용되었다. 대표적 예가 이슬람교의 파티마의 손(Hand of fatima)이다.

그리스에서 신에게 뭔가를 서원할 때 바치는 '사바지오스의 손' 은 신의 구원 손으로, 보호와 치유, 축복을 의미한다. 유대교에서도 신의 손은 권능의 손으로 여겨진다.

(2) 붓꽃

남성상징과 여성상징이 결합된 형상을 한 붓꽃 상징이다. 15세기 경 문장 도안으로 사용되었던 붓꽃모양에서 유래한 것이다.

붓꽃이란, 문장 도안으로 사용되는 연꽃이나 백합꽃을 말하는 것으로 '빛과 생명의 에너지' 를 담고 있다. 특히 이 상징의 모양은 남성의 심볼과 여성의 심볼이 결합된 모습으로 남녀의 조화로운 결합을 의미한다. 따라서 이 붓꽃상징은 오래된 연인이나, 조금씩 시들어가는 남녀 사이에 빛을 주는 '밝음' 과 생명이 담긴 '생기와 활기' 를 주는 상징이 될 수 있다.

(3) 호흐베르크 홀

이 상징은 1675년 독일의 호흐베르크(Hohberg)에서 만들어진 홀의 형상에서 유래한다. 중세 독일의 홀에서 유래한 상징으로 행복한 결혼을 기원한다. 보통 제왕이 권위의 상징으로 들고 다니는 지팡이를 홀(scepter)이라고 부른다.

여기서는 왕이 들고 다니는 홀이 아니라 행복한 결혼 생활을 기원하는 의미를 담고 있는 홀이다. 이 상징은 길쭉한 홀에 반지와 화환이 결합된 형태로 되어 있다. 여기서 반지는 두 사람의 결속을 의미하고 화환은 행복한 삶을 의미하기 때문에, 이 상징은 행복한 결혼을 축하하는 의미를 담게 된다.

SECTION 4

종교/문화적 분류

1) 힌두교

(1) 옴 마니 반메 홈

티벳불교의 신도들에게 옴 마니 반메 홈은 암송하면 모든 해로운 힘들을 물리치는데 효과가 있는 일종의 주술적 주문이다. '옴 마니 반메 홈' 의 뜻은 '오! 연꽃 속의 보석이여!' 라고 풀이해 볼 수 있다. 그러나 이 주문이 신앙인들에게 갖는 의미는 단어자체의 뜻과는 별 관계가 없는 것 같다. 암송하는 행위 자체가 주술적 힘을 갖는 것이다.

티베트불교는 보통 '라마교(Lamaism)' 라고 잘 알려져 있는 티벳의 종교전통으로서, 티베트, 몽골 및 그 밖의 여러 작은 히말라야 국가에 사는 사람들의 신앙대상이 되는 새로운 형태의 불교라고 할 수 있다. 이 종교는 최고의 정치지도자이자이며 신앙의 대상인 달라이라마(Dalai Lama)를 중심으로 한다. 라마교도들은 일반불교 신자들이 믿는 신앙대상 외에도, 티베트의 초기종교로서 일종의 샤머니즘이라고 할 수 있는 본(Bon)교의 신령들과 기타 여러 수호신이나 성자들을 믿는다.

티베트불교의 특징은 악령에 대한 공포와 내세에 대한 두려움을 극복하기 위해, 밀교적인 여러 주술적 신앙행위를 행한다는 것이다. 예를 들어, 기도운동(輪胴,prayer wheel)이라고 불리는 기도바퀴를 돌리며 기도하는 행위, 경전을 암송하는 것, 부적이나 액막이의 사용, 주술적 주문인 만트라의 암송 등의 행위를 행한다. 이중에서 옴 마니 반메 홈은 첫 번째 불교 만트라로서, 티벳인들 사이에서 가장 대중적으로 퍼져있는 주술적 주문이다. 특히 티벳불교의 최고의 보살로 추앙되는 관음보살(觀音菩薩 : Avalokiteshvara)의 만트라이기도 하다.

(2) 쉬바의 제 3의 눈

힌두교의 파괴의 신 쉬바를 상징하는 세 번째 눈. 포유동물에 있어서 눈이 두 개인 것은 하늘에 태양인 하나인 것과 마찬가지로 자명한 진리에 속한다. 특별한 돌연변이가 아닌 한 정상적인 경우에는 누구나 눈이 두 개인 것이다. 그렇다면 제 3의 눈이란 무엇을 의미하는가?

두 개의 눈으로도 우리는 일상적인 주변의 사물을 모두 인식할 수 있다. 제 3의 눈이 필요하다면 그 눈은 나머지 두 개의 눈으로 볼 수 없는 무엇인가를 보기 위해 필요한 것임에 틀림없다.

힌두교 쉬바신과 그 아내 두르가 여신을 비롯한 많은 신들은 이마 한 가운데 제 3의 눈을 가진 것으로 그려지곤 한다. 그들에게 있어서 이 제 3의 눈이란 일상적인 지각을 넘어서는 것을 볼 수 있는 인간의 초월적 능력을 상징하는 것이다. 즉 신적인 힘과 에너지인 삶의 숨겨진 내적 근원에 도달하려는 것을 표현하고 있다. 이 상징은 바로 이러한 힘들을 사용하는 사람들에게 자신의 고요한 내면 속에서 성스러운 진리와 순수함을 찾을 수 있다고 말하는 것이다.

(3) 챠크라 러브

챠크라는 '바퀴' 라는 뜻을 가지고 있는 산스크리트어로, 힌두교의 일종인 탄트라(Tantra)에서 나온 단어이다. 챠크라는 우리 인간 안에서 정신적 에너지가 집결하는 일곱 부분을 말한다.

탄트라는 쿤달리니라고 불리는 뱀의

생명력과 정신적 에너지를 상징한다. 이 쿤달리니가 우리 신체내에 있는 정신에너지의 중심지인 일곱 개의 챠크라를 거쳐 점차 위로 올라가면서 사람들의 신체적, 정신적 에너지를 높여준다고 한다.

이 상징의 육각형의 별 모습은 자주 그려지는 전통적 챠크라의 형상은 아니다. 원래 일곱 개의 챠크라는 하나하나 특별한 모습을 가지고 있다. 얼마 전에 나온 서태지의 컴백 앨범에 그려진 챠크라도 그러한 일곱 개의 챠크라 중 하나이다.

그런데 이 상징이 특이한 것은, 첫째 일곱 개의 챠크라의 모습을 한꺼번에 담았으며, 둘째 삼각형과 역삼각형이 겹쳐서 만들어진 육각형의 별 자체가 쉬바(남성에너지)와 삭티(여성에너지)의 결합을 의미한다는 것이다.

그래서 이 상징은 사람이 가지고 있는 무한한 능력을 의미하는 동시에 쉬바신으로 상징되는 남성력과 여신으로 상징되는 여성력이 합쳐지는 것을 의미한다. 즉 남성과 여성이 계속해서 서로의 부족한 부분을 채워주고 완성시켜주는 영적인 합일을 나타낸다.

(4) 칼리 얀트라

얀트라(Yantra)는 힌두교의 신비주의적 전통이 탄트라(Tantra)에 속하는 우주적 상징이다. 이 상징은 그 중에서도 칼리 얀트라라고 불리는 것으로 인도의 민중적 여신인 칼리의 힘을 구현하고 있는 상징이다.

얀트라는 매우 복잡한 도형으로 이루어져 있는데, 간단히 말하면 우주의 형상을 그린 것이다. 특히 정지하고 있는 우주가 아니라 지금 이 순간에도 끊임없이 창조되고 있는 우주의 모습이다. 얀트라는 '만다라(Mandala)' 와 더불어 우주의 도식일 뿐 아니라 명상을 하도록 도와주는 도구이다. 탄트라에서는 얀트라를 통해 한작은 점으로부터 우주가 생겨나는 과정을 고요히 응시하거나 혹은 전체 우주로부터 태초의 자그마한 점으로 점점 축소되어 가는 과정을 명상하게 되면, 몸과 마음이 원초적 에너지로 충만해 진다고 한다.

여기 있는 얀트라는 칼리 얀트라이다. 칼리 여신은 인도의 대부분의 지역에서 나타나는 민중적인 위대한 여신이다. 이 여신은 도둑의 수호자이고 다른 범죄적인 계층이나 종족의 수호자이기도 하다. 위대한 검은 여신으로 무서운 형상을 하고 검푸른 피부에 이마에는 제 삼의 눈이 빛나고 있으며, 뿔이 있고, 피를 흘리며 늘어뜨린 gutqkekr, 해골과 뱀으로 장식한 불꽃 머리에, 해골관을 쓰고, 발가벗고 호랑이나 코끼리 가죽을 뒤집어쓰고 여러 가지 시바교적인 장신구를 들고 다닌다. 그리고 지혜와 법의 상징인 칼과 방패 및 신비적인 자아 희생을 뜻하는 잘린 머리를 들고 있다. 특히 칼리 여신은 두르가 여신과 여러 가지 면에서 대응되는 모습을 보이고 있는데 두르가 여신이 주로 상층계급에서 믿어지는 여신이라면 칼리 여신은 인도의 하층민들이 주로 숭배하는 여신이다. 이 칼리 얀트라는 무섭고 기괴한 이미지를 갖지만 민중들을 보호해주는 칼리여신의 힘을 부르는 상징이다.

(5) 가네샤

인도인들의 대중적 인기와 숭배를 한 몸에 받고 있는 코끼리의 형상을 한 이 힌두교 신은 '가네샤 혹은 가나빠띠(Ganapati)' 라고 불린다.

가네샤신은 시바, 브라흐만, 비쉬누처럼 힌두교에서 위대한 신으로 섬겨지지는 않는다. 하지만, 인도 사람들은 이런 위대한 신들보다 오히려 가네샤를 더 사랑하고 더 경배한다. 실제로 인도에 가면 마을 곳곳에 가네샤의 신상을 세워놓고 경배하는 모습을 볼 수 있다.

가네샤는 시바신의 아들이라고 말하는데 이렇게 코끼리의 모습을 하게 된 데는 홍미로운 사연이 있다. 시바신이 오랫동안 집을 비우다가 어느 날 자신의 집에 돌아오게 되었는데 집 앞에 낯선 남자가 서 있자, 시바신은 가차 없이 그의 머리를 잘라버렸다고 한다. 그러자 아내인 파르바티 여신이 나와 그 남자가 아들이었다고 말하며 울부짖는다.

이에 시바신은 당장 밖으로 나가 처음 보는 자의 머리를 떼어다 붙여 주겠다고 약속했다. 그런데 공교롭게도 시바신이 밖에서 처음 보게 된 것은 코끼리였고 이 후, 가네샤는 코끼리의 머리를 가지게 되었다고 한다.

가네샤는 비록 두툼한 배에 우스꽝스러운 모습을 하고 있지만 인도의 평민들에게는 대단한 인기를 누리고 있다. 그는 평민계층의 보호자이며, 장사를 하는 사람들에게는 돈을 많이 벌게 해준다. 뿐만 아니라 학생들이 시험을 볼 때 시험지 한 구석에 '가네샤에게 경배를!' 이라고 적어서 성적이 오르기를 바란다. 이외에도 가네샤 신은 여행길이 즐겁도록 도와준다고 한다.

(6) 하누만

원숭이의 모습을 한 이 힌두교 신은 하누만(Hanuman)이라고 불린다.

하누만은 시바, 비쉬누 처럼 힌두교에서 위대한 신으로 섬겨지지는 않는다. 하지만, 하누만은 가네샤와 더불어 인도 사람들에게 아주 친숙하고 사랑받는 신이다. 실제로 인도에 가보면 마을 곳곳에 가네샤와 하누만의 신상을 세워놓고 경배하는 모습을 볼 수 있다. 하누만은 바람의 신 바유(Vayu)의 아들로서 원숭이 군대를 이끄는 장군으로 여겨진다.

하누만에 대한 성격을 잘 알 수 있는 것은 마하바라타와 더불어 인도의 양대 서사시로 여겨지는 라마야나이다. 라마야나는 아요디아에서 태어난 인도의 신화적 영웅이자 비쉬누의 화신으로 여겨지는 라마의 일대기를 그린 서사시이다. 그런데 라마야나에서 하누만은 라마의 부인인 싯타가 악귀(惡鬼) 라바나에게 잡혀가자 싯타를 구하기 위해 대 활약을 벌이게 된다. 인도에서 라마와 싯타는 일종에 이상형 인간들이다. 즉 라마는 남성이며 왕으로서 최고의 덕목을 갖춘 사람이며 싯타는 여성으로, 아내로서 최고의 덕목을 갖춘 사람으로 여겨진다. 그리고 여기 이 하누만 신은 그러한 이상적인 여성 싯타를 따라다니며 헌신적으로 돌보는 이상적인 보호자로 여기 있는 하누만 신의 상징은 고대 인도 사람들이 지니고 다니던 장신구에서 출토된 것으로 하누만의 모습을 단순화시켰으나 허리에 그려진 꼬리의 모습으로 하누만임을 확인할 수 있다.

(7) 두르가 얀트라

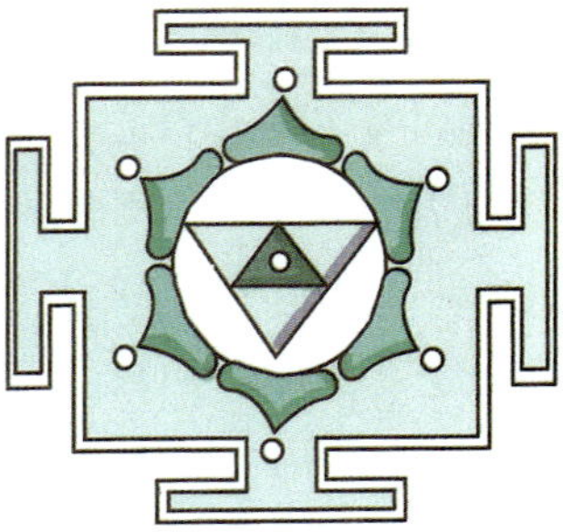

얀트라(Yantra)는 힌두교의 신비주의적 전통인 탄트라(Tantra)에 속하는 우주적 상징이다. 두르가 얀트라는 시바신의 아내인 두르가 여신의 힘을 구현하고 있는 상징이다. 얀트라는 매우 복잡한 도형으로 이루어져 있는데, 정지하고 있는 우주가 아니라 지금 이 순간에도 끊임없이 창조되고 있는 우주의 모습이다. 얀트라는 '만다라(Mandala)'와 더불어 우주의 도식일 뿐 아니라 명상을 하도록 도와주는 도구이다. 얀트라는 여러 가지 종류가 있으며 두르가 얀트라는 시바신의 여신이자 무서운 힘을 가진 파괴의 여신 두르가의 힘을 구현하고 있는 상징이다.

대부분의 힌두 여신이 그렇듯 두르가 여신도 두 가지의 성격을 동시에 가지고 있다. '가슴의 여신' 으로 성격이 관대하고 자애로운 어머니의 속성을 갖춘 신이며 다른 한편은 '이빨의 여신' 으로 에로틱 하면서 잔인하고 위험하다.

특히 푸라나 등에는 이러한 이빨의 여신으로서 두르가의 강력한 힘을 보여주는 신화가 전해지고 있다. 버팔로의 모습을 한 괴물이 마히사수라는 브라흐마로부터 강력한 은총을 받아 어떤 남성으로부터도 죽임을 당하지 않게 되었다. 이러한 특권을 누리게 되자 이 괴물은 세계를 정복하고 천국을 정복하기 위해 신들의 왕인 인드라와 전쟁을 벌여 승리를 하였다. 이에 모든 신들이 나서서 덤볐지만 상대가 안되자 신들의 몸과 분노한 얼굴에서 커다란 에너지 덩어리가 나왔으며 이것이 아름다운 여인의 형상을 갖추어 두르가가 되었다. 그리고 어떠한 남성도 죽일 수 없던 괴물을 바로 두르가 여신이 처치한 것이다. 이 두르가 얀트라는 이러한 강력한 힘을 가진 두르가 여신의 보호를 기원하는 상징이다.

(8) 크리쉬나 얀트라

얀트라(Yantra)는 힌두교의 신비주의적 전통인 탄트라(Tantra)에 속하는 우주적 상징이다. 이 상징은 크리쉬나 얀트라로 비쉬누의 화신이자 사랑스러운 크리쉬나 신의 힘을 구현하고 있는 상징이다.

크리쉬나 얀트라는 비쉬누의 여덟 번째 화신이지만 단순한 화신이 아니라 그 자체로 인도 민중들에게 널리 사랑받고 있는 신이다. 특히 인도의 대서사시 '마하바라타'에 등장하기도 한다. 마하바라타의 일부분이자 가장 영향력이 있는 인도의 경전인 '바가바드 기타'도 바로 이 크리쉬나 신의 가르침을 담고 있는 문헌이다.

크리쉬나는 수많은 일화를 남겼는데, 그는 왕이자 수많은 여인들 즉 소치는 여인들인 고피(Gopi)들의 우상이며, 고피들 중의 한 명이자 크리쉬나 부인인 라다(Radha) 또한 인도에서의 이상적인 여인상으로 표상되기도 한다. 크리쉬나는 사랑을 통해 신의 가르침을 전하는 신으로 여기서 신자들이 사랑의 감정에서 비롯한 헌신을 중시하는 박티 전통의 기원이기도 하다.

(9) 쉬바 트리슐라

삼지창(trisula)은 인도의 위대한 파괴신 시바의 상징이다.

시바신은 창조를 이루기 위한 파괴의 신으로서, 인도의 신화체계에서 브라흐마(Brahmana), 비쉬누(Vishnu)와 더불어 가장 중요한 삼대 신의 하나이다.

이 삼지창은 시바신의 성격을 그대로 담고 있는 시바신의 대표적 상징이다. 철학적으로 설명하면, 삼지창의 가지 하나하나는 세계를 이루는 세 가지 근본 원리를 상징한다.

이 세 가지 원리로 세계를 파괴하고 다시 새로운 세상을 만들어 나가게 한다. 또한 이 세 가지들은 창조자, 유지하는 자, 파괴자 혹은 과거, 현재, 미래라는 시바신의 세 가지 속성을 드러내기도 한다. 이외에도 삼지창에 담긴 의미는 여러 가지이다. 여타 다른 신화들과 마찬가지로 인도신화에서도 시바의 삼지창은 번개와 벼락을 내리는 도구이며, 위대한 신들이 들고 다니는 도구이다.

그러기에 삼지창은 힘과 권위를 상징한다. 또한 삼지창은 모든 만물의 근본, 우리네 삶의 숨겨진 본질, 지식 혹은 의식의 원리를 상징하기도 한다.

(10) 락쉬미의 발자국

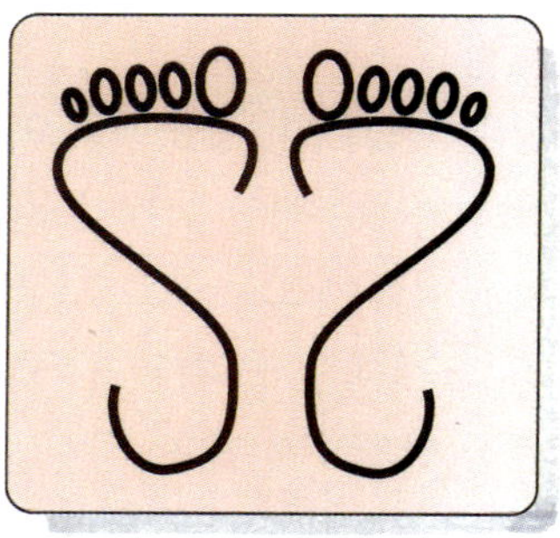

행운과 부의 여신인 락쉬미의 상징으로 특히 여성들에게 행운, 부, 지혜, 건강, 즐거움 등을 가져다주는 상징이다.

락쉬미 여신은 행운과 부의 여신으로 인도에서 매우 인기있는 여신 중의 한명이다. 락쉬미는 비쉬누 신의 아내이며, 행운의 여신이자, 다양성의 능력을 지닌 여신으로 표현되며, 이는 보호의 과정에서 행운과 다양성 등이 꼭 필요함을 의미한다. 락쉬미가 검은 색으로 표현된다면 그것은 검은색의 신 비쉬누의 반려자임을 나타내는 것이며, 황금빛의 노란색으로 표현된다면, 모든 부의 원천임을 보여주는 것이다.

위의 발자국 그림은 락쉬미 여신의 발자국으로 인도의 마을 벽이나 문지방에 자주 새겨지는 상징으로, 경사스러운 일이나 축제 등을 나타낸다. 특히 축제시에는 여성들이 이렇게 조그만 발자국을 새벽에 문지방에 그려 넣어 락쉬미 여신이 와서 부와 지혜, 건강, 즐거움을 가져다주기를 기원 한다. 또한 며느리가 시댁에 처음 올 때에도 시댁의 문에 락쉬미의 발자국을 그려넣는다고 한다.

(11) 스바스포트

나찌의 철십자로 더 잘 알려진 스바스티카는 원래는 침략군들을 방어하기 위한 요새의 문양에서 나온 고대 상징이다.

스바스티카는 인도를 비롯한 많은 고대 문화에서 발견되는 상징이며 이 스바스티카를 거울에 비추었을 때 나타나는 모양, 즉 스바스타카의 반대 모양은 만(卍)자이다.

스바스티카는 2차대전 당시 히틀러와 나찌들이 자신들의 상징으로 사용하여 악명을 얻었지만 원래는 고대 인도의 요새의 설계도에서 기원했을 가능성이 있다.

고대 인도어로 요새는 수 바스투(Su Vastu)라고 불린다. 전통적인 요새의 형태에서는 요새 입구 중의 하나를 함락되면 공격하는 군대가 몰아쳐서 대량학살을 이끌어 내거나 요새 안의 사람들이 모두 포로로 잡히게 된다. 하지만 이러한 스바스티카 모양의 요새에서는 4개의 문 중에 하나가 함락되어도 최소한 나머지 4/3부분은 안전하게 된다.
스바스타카는 어원적으로 보아서도 요새의 설계도였을 가능성이 있다. 산스크리트어에서 바사(Vasa)는 사는 것을 의미하며 바스투(Vastu)는 거주를 의미한다. 또한 수(Su)라는 말은 '좋은' 이란 의미로, 따라서 스바스티카(Swastika)라는 단어는 아마도 'Su' 라는 단어와 ' Vastu' 라는 단어가 합쳐진 스바스투Swastu, 즉 '좋은 거주지' 라는 말에서 기원했을 가능성이 있다.

(12) 수리야

고대 인도의 태양신 수리야는 태양을 신격화한 신으로 인도의 고대 시기인 베다시대와 브라흐마나 신대에는 힌두교에서 가장 위대한 신들로 여겨지는 비쉬누, 쉬바 못지않게 높은 지위의 신이었으나 현대의

힌두교에서는 그 영향력이 현저하게 약화되었다. 하지만 많은 고대 유물들 속에 수리야의 모습은 남아있으며, 한때 수리야를 모셨던 사원들도 상당수 존재하고 있다. 또한 인도에서 가장 유명한 사원 중에 하나인 코나락의 태양사원도 바로 이 수리야를 모시는 사원이다.

인도의 옛이야기를 담고 있는 문헌인 '푸라나'의 설명에 따르면 수리야는 3개의 눈과 4개의 팔을 가진 새빨간 빛깔의 인간모습으로 그려진다. 2개의 손에는 연꽃을 들고 있고, 세 번째 손으로는 축복을 내리고, 네 번째 손으로는 숭배자들을 격려한다. 그리고 흔히 붉은 연꽃 위에 앉아서 빛을 발하는 모습으로 그려진다. 수리야를 모시는 사원에서는 수리야 신상의 뒷면에 등불을 놓도록 만들어 후광이 비추도록 꾸며놓기도 한다.

수리야는 암흑을 물리치고 사람들을 잠에서 깨워 활동하게 하며, 이승에 사는 생물의 행동을 감시하는 신이기도 하다. 즉 태양 신 수리야의 상징은 사람들로 하여금 아침에 눈을 뜨고 활기찬 하루를 보내게 만들어 주는 상징인 것이다.

(13) 옴

힌두철학에서 명상은 매우 중요하며, 불교 특히 티벳불교에서 중요한 의미를 갖는 명상 상징인 옴(Aum)의 형상 가운데 하나이다. 옴은 힌두철학에서 매우 중요한 상징이다.

보통 옴(Aum)은 신을 나타내는 산스크리트어 문자 상징으로, 태초의 소리이자 모든 소리를 포함한 단일한 소리라고 한다. 하지만 옴에는 이보다 훨씬 깊은 뜻이 담겨 있다. 옴을 라킨 알파벳으로 적으면 아(A)-우(U)-음(M)으로 발음되는데, 옴은 이 발음 하나하나를 따라 깊은 명상에 이르도록 하는 명상의 도구이다.

아(A)라는 발음에는 우리가 살아가는 평범한 세계가 담겨있다. 이 세계는 나와 친구, 나와 적, 그리고 여러 사람들이 서로 다른 모습으로 살아가고 있다. 우(U)라는 발음은 마치 꿈꾸고 있는 상태로 꿈속에서 나는 무엇이든 될 수 있는 신과 같은 존재이다. 음(M)은 꿈조차 꾸지 않는 깊은 잠에 빠진 나를 의미한다. 이때의 나는 다른 사람과 구별되지 않는다. 나와 다른 사람은 같은 존재이고, 나아가 나와 다른 사람 그리고 신은 모두 같은 존재인 것이다.

옴(Aum)의 깊은 깨달음을 얻고 나면, 나와 다른 사람이 모두 같다는 진리, 나와 신이 같은 존재라는 진리, 나와 다른 사람과 신이모두 같다는 진리를 깨닫게 된다. 이는 인도 철학의 중요한 주제로 모든 중요한 상징들이 그러하듯 옴(Aum)에도 이러한 하나의 뜻만이 담겨 있는 것은 아니다.

옴은 인도신화에서 가장 중요한 세 명의 신을 나타내기도 한다. 아(A)는 브라흐만 신을 우(U)는 비쉬누 신을 음(M)은 시바신을 각각 나타낸다. 또한 과거-현재-미래를 의미하기도 한다. 더욱이 옴을 명상하며 소리를 내면 영원한 안정과 평안함이 찾아오며, 모든 행동을 성공으로 이끌 수 있는 힘을 갖게 된다고 한다. 옴을 발음하는 방법은 다음과 같다. 처음에는 입을 벌려 목구멍 깊이 아(A) 소리로 시작하여 다음으로는 우(U) 하는 소리를 입안가득 채운다. 그리고 마지막으로 음(M) 소리로 입술을 닫게 되면 옴이라는 소리가 완성된다. 옴은 이렇게 중요한 상징인 만큼 티벳과 인도 등지에서 다양한 형태로 변형되어 그려져 왔다.

(14) 쿤달리니

인간의 몸안에 숨겨진 잠재적 에너지를 형상화한 상징으로 쿤달리니는 힌두교에서 인간 안에 숨겨진 힘, 일종의 잠재력을 의미한다. 쿤달리니라는 '감춰진, '숨어있는' 이라는 뜻으로 이 숨겨진 힘은 일종의 정신에너지로, 이 정신에너지를 일깨우면 여태껏 불가능해 보였던 많은 일들을 할 수 있게 된다.

탄트라에서는 쿤달리니라고 불리는 뱀은 생명력과 정신적 에너지를 상징한다. 이 쿤달리니가 우리 신체 내에 있는 정신에너지의 중심지인 일곱 개의 챠크라를 거쳐 점차 위로 올라가면서 사람들의 신체적, 정신적 에너지를 높여준다고 한다. 위에 보이는 역동적인 모습의 도마뱀은 숨겨진 힘을 형상화 한 것으로 우리 몸안에 존재한다는 에너지의 중심지들인 차크라(Chakra)들을 거쳐서 점차 커져가기 때문에 흔히 뱀이나 도마뱀, 매듭으로 그려지곤 한다.

쿤달리니 정신에너지를 이용하기 위해서는 여러 가지 힘든 수행이 필요하다. 수행은 인도어로 '요가(Yoga)' 이며 이 상징을 지니는 것만으로 갑자기 못하던 많은 일들 할 수 있게 되는 것은 아니다. 하지만 중요한 것은 사람들이 저마다 모두 이 쿤달리니 에너지를 지니고 있다는 사실이다. 다만 그 에너지는 '숨겨져' 있기 때문에 알 수 없을 뿐이다.

(15) 사하스라라 챠크라

인도 힌두교의 분파 가운데 하나인 탄트라의 차크라 상징으로 총 7개의 챠크라 중에서 일곱 번째 챠크라이다.

챠크라는 '바퀴' 라는 뜻을 가지고 있는 산스크리트어다. 챠크라는 우리 인간 안에서 정신적 에너지가 집결하는 일곱 부분을 말한다. 탄트라에서는 쿤달리니는 뱀의 형상으로 생명력과 정신적 에너지를 상징한다. 마지막 챠크라인 사하스라라 챠크라는 우리 몸의 가장 윗부분인 정수리에 있으며 손가락 네 개 정도의 폭을 차지하고 있다.

일곱 번째이자 마지막 챠크라에 도달하는 사람은 곧 신과 동일시된다. 사하스라라 챠크라는 궁극적인 지혜를 담고 있는 곳으로 이 궁극적인 지혜를 깨닫게 되는 사람은 신과 다르지 않다.

이 상징은 보통은 천개의 꽃잎을 가진 연꽃으로 형상화된다. 하지만 여기에 있는 상징은 사하스라라를 또 다른 방식으로 표현한 상징으로 구불구불 휘어진 선은 바로 정신적 에너지를 상승시키는 쿤달리니를 나타낸다. 보통 사람들의 경우 쿤달리니는 첫 번째 챠크라인 물라다라 챠크라 속에 또아리를 틀고 잠들어 있지만 특별한 수행을 한 사람들은 이 쿤달리니를 깨워 온 몸의 챠크라를 돌아다니게 한다. 그리하여 여섯 개의 챠크라를 차례차례 돌아다닌 쿤달리니는 각 챠크라마다 에너지를 고양시켜나가다 마지막 여행경로인 사하스라라 챠크라에 이르러 궁극적 지혜의 불꽃을 피우게 된다.

2) 불교

(1) 다르마차크라

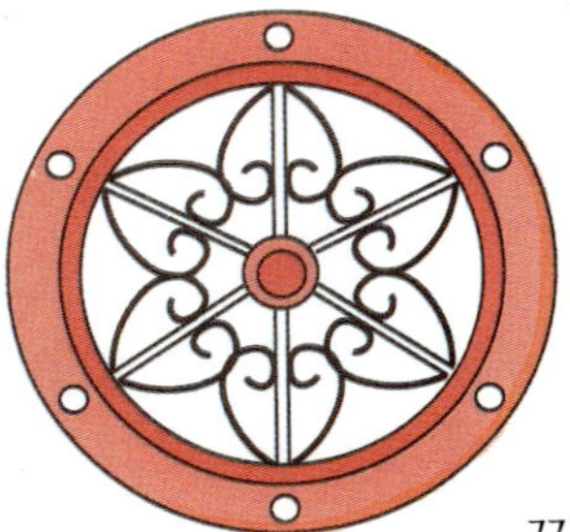

불교의 대표적 상징인 법륜(法輪)을 형상화한 것으로, 조화와 화해의 이미지를 담고 있으며 깨달음에 이르는 여덟가지 길을 보여준다.

'다르마챠크라(Dharmachakra)' 라는 단어는 산스크리트어로 이것을 한자로 바꾸면 다르마는 '법', 챠크라는 바퀴를 의미하는 '륜' 으로 '법륜(法輪)' 이 된다. 법륜은 간단히 말하면, '진리의 수레바퀴' 라고 할 수 있다. 여기서 진리란 인간을 궁극적인 행복, 즉 구원으로 이끌어 줄 올바른 길을 말한다.

진리의 상징으로 바퀴살이 여덟개 달린 수레바퀴를 쓴 것은 부처가 중생을 구제하기 위해 제시한 깨달음의 방법이 '팔정도(八正道)' 이며 불교도들은 이 팔정도를 통해 모든 존재가 영적인 깨달음을 얻을 수 있다고 말한다. 팔정도는 다른 말로 하면 해탈에 이르기 위해 수행해야하는 여덟 가지의 바른 길로 풀이할 수 있는 윤리론이다. 이 법륜은 불교의 상징일 뿐 아니라 나아가 인도의 국기에서도 채용된 대중적인 상징이다. 인도에서는 이 상징이 윤회(samsara)의 바퀴 혹은 시간 속에 얽매인 인간의 한계를 나타낸다고 본다

(2) 판치보

깨달음에 이르기 위한 길을 묘사한 불교의 상징.

판치보(Panchbo)에서 판치는 산스크리트어로 5라는 뜻을 가진 어근이다. 이러한 시각에서 위의 사리탑을 바라보면 흙 → 물 → 불 → 공기 → 대공의 순서로 상승되어 가는 것을 알 수 있다. 이는 다섯 개의 원소를 무거운 것에서 가벼운 것으로의 상승, 높은 밀도에서 낮은 밀도로, 낮은 밀도의 상승의 형태로 배열해 놓은 것이다. 그리고 그 상승의 끝에는 영적인 것으로 승화한다. 즉, 낮은 차원의 존재의 깨달음, 해탈을 이루는 과정을 묘사한 상징인 것이다. 이 상징은 원래는 부처와 그 제자들의 유골을 모셔두기 위해 만들었던 사리탑을 형상화 한 것이다. 사리라는 것은 부처 즉, 샤카무니 싯다르타와 그 제자들뿐만 아니라 깨달음을 통해 해탈에 들게 되는 수행자들이 육체적으로 죽은 뒤 그 몸을 태운 뒤 남은 흔적으로 불교에서는 이 사리를 소중하게 여겨 사리탑을 만들어 보관하였다.

이 상징은 사리탑의 의미 외에 세상을 구성하는 요소인 5원소를 상징하는 것으로 서양의 고대 철인들은 세계가 흙, 물, 불, 공기라는 4원소로 이루어져 있다고 믿었지만 불교와 힌두교의 철인들은 세계를 이루는 원소는 이 외에도 하나가 더 있다고 믿었는데 그것은 한자로는 대공(大功), 산스크리트 어로는 아카샤(Akasha)라고 불리는 에테르이다.

위의 상징에서 사각형 받침대는 흙을, 원은 물을, 삼각형은 불을, 반원은 공기를 나타낸다. 마지막으로 반원형 위에 얹혀져 있는 점이 바로 에테르(ether)이다. 고대인들이 온 세상이 모두 물, 불, 흙, 공기로 이루어져 있다고 한 것은 그들의 관찰과 경험에서 나온 믿음이다.

예를 들어 나무라는 물질은 4원소에 포함되어 있지 않지만 나무를 태우게 되면 불이 생기게 되며 동시에 연기가 나고 결국에는 재만 남는다. 그래서 나무는 사원소에 포함되지 못하고 불과 공기(나무를 태울 때 나오는 연기), 흙(나무를 태우고 남은 재)이라는 세 개의 원소로 이루어져 있다는 것이다. 하지만 흥미롭게도 마지막 5원소인 에테르는 눈에 보이거나 관찰할 수 있는 대상이 아니다. 공기는 위의 나무의 예에서 연기라는 눈에 보이는 실체로 나타나지만 에테르는 인간의 감각으로는 전혀 알 수 없는 원소로 물질적인 요소라기보다는 정신적인 요소로 보아야 한다. 즉 눈에 보이지 않는 영적인 영역을 구성하는 요소인 것이다.

인문주의적인 고대 그리스의 철인들은 이 마지막 제 5원소를 보지 못하고 세상은 네 개의 원소만으로 이루어져있다고 주장하였다. 하지만 몇 년 전 뤽 베송은 이러한 신비한 제 5원소를 다룬 영화를 만들었으며, 그의 영화 '제 5원소' 에서 밀라 요요비치와 브루스 윌리스는 흙, 불, 바람, 물 다음의 원소는 바로 인간들이 사랑이라고 설파하게 된다.

3) 한국 문화

신라는 불교 전래를 통해 삼국을 통일하고 조선시대엔 유교, 불교 및 도교 등을 통해 선가신앙(仙家信仰)이 자리를 잡으며 소박하고 아름답게 발전하였다. 궁중의 색과 조형미가 화려하고 장식적이라면 서민의 조형미는 단순함과 해학미가 흐른다.

잦은 전쟁은 외래 문화로부터 우리의 것을 지켜 내고자하는 자주 정신에 의해 우리의 독자적인 문양으로 발전하게 되었다.

(1) 삼족오

삼족오는 '세 발(三足)달린 까마귀(烏)' 라는 뜻으로, 고구려 벽화에서 발견되는 고구려의 대표적 상징물이다.

신의 전령으로 태양에서 살면서 태양의 불을 먹고 사는 태양의 전령이라고 전하는 전설도 있다.

셋이라는 숫자 역시 신성한 숫자로, 삼을 완성의 숫자로 생각했기 때문인데 고유의 삼사상(三思想)에서 유래했다고 본다.

그리고 천지인(天地人) 세 가지 요소를 우주만물의 완성체로 보는 생각이 있었기 때문이다. 단군조선시대에 국가의 기틀을 진한, 마한, 변한의 삼한으로 한 것도 이 삼사상과 관련이 있다고 한다.

덧붙여 이 삼족오는 단군 왕실을 상징하는 문장으로 신의 전령인 삼족오의 발 두 개는 천(天), 지(地) 즉 신의 뜻을 나머지 발 하나는 인간을 상징해서 천지인(天地人)을 의미하게 된다. 삼족오의 상징을 한국뿐만 아니라 중국, 일본 등 동아시아권에서도 발견되며, 중국 고대신화에는 태양 안에 사는 세 발 달린 상상의 까마귀가 등장하기도 한다.

(2) 도깨비

허주(虛主)・독각귀(獨脚鬼)・망량・이매 라고도 한다. 음허기(陰虛氣)로서 원시신앙적인 귀신사상에 의하여 형성된 잡신이지만, 음귀(陰鬼)로서의 귀신과는 다르다.

도깨비에 대한 관념은 옛날부터 민속적으로 정신적인 바탕을 이루는 요소가 되었기 때문에 이에 대한 여러 가지 설화를 낳았고 그것이 오늘날까지 전해지고 있다. 이를테면, 도깨비는 초인적인 괴력(怪力)을 지니고 있으므로 황소를 지붕 위에 올려놓고, 솥뚜껑을 솥 속에 넣으며 큰 산을 움직이고, 큰 바위를 굴리며 많은 물을 단숨에 마신다는 것이다.

이 귀신은 다른 귀신과는 달리 사람에게 악한 일만 하는 것이 아니고, 장난기가 심하여 사람을 현혹하고 희롱도 하며, 잘 사귀면 신통력으로 금은보화를 주는 등 기적적인 도움을 주기도 한다.

(3) 귀갑문 [龜甲文]

거북의 등 모양으로 귀갑무늬, 귀갑문이라 한다.

불화의 장식문양에서 많이 보여지는 거북이는 장수를 하고자 하는 상징적 의미를 담고 있다. 불교의 문양인 연꽃과 함께 사용되거나 또는 6각형의 거북등무늬(귀갑문)를 반복적으로 사용하면서 그 안쪽에

용과 봉황을 투조하여 봉황이 날개를 펼치고 날아오르는 역동적인 모습을 넣어 수호와 복을 상징한다. 인간의 욕망과 기원을 담은 주술적인 대상으로 영물을 통해 신에게 전달하고자 하는 매개적 조형상징물이다.

(4) 청룡 [靑龍]

푸른색을 띤 상상의 용으로 서조(瑞兆)로 간주된다.

창룡(蒼龍:청룡과 같은 뜻)으로서 백호(白虎)·주작(朱雀)·현무(玄武) 등과 더불어 하늘의 사신(四神)의 하나이며, 동방의 수호신으로 삼고 있다. 그 밖에 태세(太歲)의 다른 이름으로 목성(木星)을 일컫는다. 《회남자(淮南子)》의 천문훈(天文訓)에는 천신(天神)은 태세보다도 더 존귀한 것은 없다고 하였다. 또한 말을 잘 타는 사람을 청룡이라하며, 연호(年號)나 기(旗)·강(江)·교(橋)·산(山)·도(刀) 등 말의 머리에 붙여 쓰기도 한다. 그 모양은 한(漢)나라 시대의 유품과 만주 지안현[輯安縣] 퉁거우[通溝]에 있는 광개토대왕의 고분(古墳) 벽에 걸린 사신도에서도 볼 수 있다. 여기에 제시된 청룡은 한국 민화에서 보여지는 용의 모습과 결합하여 디자인 하였다.

(5) 백호 [白虎]

흰털을 가진 호랑이로 중국 민화(民話)에 나오는 상상의 동물이다.

백호의 출현은 상서로운 현상으로 여겨지며, 백호는 서쪽의 수호신(守護神)이다. 서쪽에는 28수(宿) 중 규(奎)·누(婁)·위(胃)·묘(墓)·필(畢)·자(紫)·삼(參)의 7개 성좌(星座)가 있는데, '묘' 성좌는 호랑이가 다스린다고 한다. 일설에는 '삼' 성좌가 백호였다고도 한다. 《시경(詩經)》은 백호를 의로운 짐승으로 보고 있는 반면, 《인원비광경(人元秘經)》은 흉신(凶神)으로 기록하고 있다. 백호를 그린 백호기는 천자(天子)가 거둥할 때 사용되었다. 여기에 제시된 백호는 한국 민화에서 나타나는 해학적 호랑이의 모습을 함께 넣어 디자인하였다..

풍수용어(風水用語)로 즉, 주산(主山)에서 오른쪽으로 뻗어나간 산줄기를 백호라 하고 그 안쪽에 있는 것을 내백호(內白虎), 밖에 있는 것을 외백호(外白虎)라고 한다. 백호는 청룡과 대칭되어 좌(左)청룡 · 우(右)백호로 일컬어진다. 여기서 용호(龍虎)는 혈(穴)의 호위(護衛)로 생각되었으며, 용호가 서로 어울려 주변을 여러 겹으로 감싸 안으므로 명당지(明堂地)가 형성된다고 믿는다.

(6) 주작 [朱雀]

남방(南方)을 지키는 상징적인 동물로 주조(朱鳥)라고 한다.

한국에서는 풍수용어(風水用語)로, 주작은 남쪽의 수호신(守護神)이다. 남쪽에는 28수(宿) 중 정(井) · 귀(鬼) · 유(柳) · 성(星) · 장(張) · 익(翼) · 진(軫)의 7개 성좌(星座)가 있다. 그 형상은 시대마다 약간의 양식적인 변화는 있지만 현실과 상상의 동물이 복합된 봉황의 모습으로 묘사되며, 무덤과 널[棺]의 앞쪽에 그렸다.

(7) 현무 [玄武]

풍수지리설(風水地理說)에서 북방의 신(神)으로 북쪽 방위에 있으면서 수기(水氣)를 맡은 태음신(太陰神)이다.

거북과 뱀이 뭉친 그림으로 현무를 상징한다. 《초사(楚辭)》 원유(遠遊)의 보주(補注)에 "현무는 거북과 뱀이 모인 것을 이른다. 북방에 위치하고 있으므로 현(玄)이라고 이르고, 몸에 비늘과 두꺼운 껍질이 있으므로 무(武)라고 한다" 고 하여 현무의 모양과 그 이름의 의미를 말하고 있다. 옛날에는 흔히 무덤 속에 이와 같은 그림을 그렸는데, 평남 용강군에 있는 고구려 고분 쌍영총(雙楹塚)의 널방[玄室]에서도 벽화(壁畵)가 발견되었다.

4) 중국 문화

(1) 서던 스카이(Southern Sky)

도교에 기원을 둔 상징으로, 하늘의 최고 통치자인 탈리스만은 특히 남쪽 하늘에 대한 힘을 갖는 다고 한다. 도교(Taoism)는 불로장생하는 신선(神仙)이 되기 위한 여러 수행을 중심으로 발달한 중국의 종교이다.

(2) 산 탈리스만(Mountain Talisman)

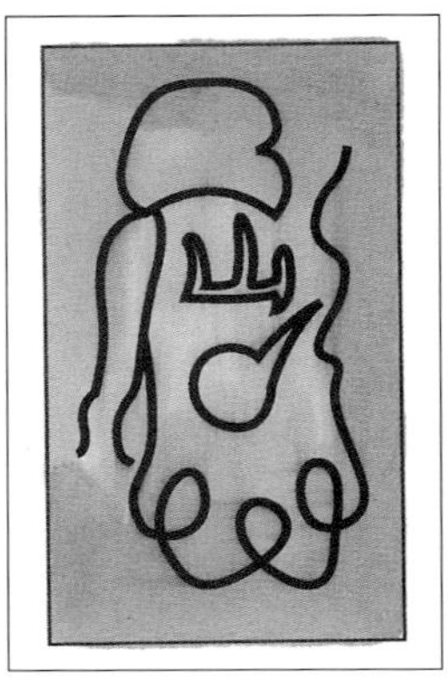

도교에 기원을 둔 상징으로, 산의 보호를 위한 탈리스만이다. 도교(Taoism)는 불로장쟁하는 신선(神仙)이 되기 위한 여러 수행을 중심으로 발달한 중국의 종교이다.

산에 대한 신앙은 도교에서 매우 중요한 의미를 지닌다. 신선을 나타내는 '선' 이란 글자는 산을 나타내는 산(山)과 사람을 나타내는 '(人)' 이 합쳐져서 만들어진 것이다 .즉 산은 신선들이 사는 곳으로, 그 자체로 이미 성스러운 힘을 가진 성지로 섬겨졌다. 현재 캐나다를 중심으로 활동하는 도교에 근원을 둔 수행 단체에서 이 부적을 발견할 수 있다.

(3) 우룡(雨龍)

고대 중국에서 비를 부르기 위해 사용했던 상징.

중국인들은 여러가지 다양한 형태의 용들이 존재한다고 믿어왔다. 민간에 전해지는 전설에 따르면 그 용들은 각각의 독특한 캐릭터를 가지고 있다. 중국의 하느님이라고 할 수 있는 '천(天)' 으로부터 신적 권능을 이어받았다고 믿어지는 황제의 전지전능한 권한을 상징하는 용도 있으며, 위의 상징과 같이 비를 부르는 용도 있다. 중국인들은 용이 번개와 비를 주관하는 신비한 힘을 가지고 있다고 믿었다. 용이라는 신령스러운 동물이 자연의 생성법칙에 관여한다고 생각했기 때문이다. 특히 이 용은 고대 중국인들이 비를 부르기 위해 사용했던 표의문 위에 그려진 용이다.

(4) 오복봉수 (五福封守)

고대 이래 중국에서 행운의 상징으로 쓰여온 박쥐문양으로 '오복봉수' 라고 불린다.

오복봉수란 다섯가지 복이 목숨을 지탱하고 있다는 의미로 고대 중국인들에게 이 도안은 행운을 부르는 부적과도 같은 상징이었다. 오복이란 '장수, 부, 건강, 덕을 좋아하고 행하는 것, 명을 다한 후 자연사하는 것' 등을 말하며, 이들은 모두 인간에게 행복을 가져다주는 요소들이다. 이 도안에 보이는 다섯 마리의 박쥐는 각각 이 다섯가지 복을 상징한다. 중국에서 박쥐는 복을 가져다주는 신비로운 동물로 여겨졌다. 참고로, 박쥐가 복을 상징하게 된 이유는 '박쥐 '라는 말과 행운을 의미하는 '복(福)' 이라는 말이 같은 음을 가지고 있기 때문이다. 한편 상징의 한 가운데 그려진 것은 오복 가운데서도 중국인들이 가장 중시하는 '장수' 의 상징이다. 따라서 이 형상은 오복이 우리의 삶을 지켜준다는 의미를 담은 행운의 상징이다.

5) 일본 문화

(1) 토리

일본의 토착적 민족신앙인 신도(神道 : Shinto)의 사당(Shrine)으로 들어가는 대문으로, 불순하고 악한 것들을 정화하는 것을 상징한다.

이 대문은 성스러운 장소로 들어간다는 의미와 함께, 불순하거나 악한 것들이 성스러운 영역으로 들어갈 수 있도록 정화시킨다는 상징적 의미를 가지고 있다. 수평으로 놓인 막대의 끝은 하늘을 향해 뻗어 있는데, 이는 하늘과 닿아 있다는 믿음이다.

신도(神道)는 일본에서 자생한 토착 민간신앙으로, 일본인 대다수 신앙의 토대가 되고 있다. 주로 조상신은 '가미(Kami)' 라고 불리는 신들을 사당에 모신다. 처음부터 기독교나 불교처럼 특별한 종교형태로 확립되었던 종교는 아니며, 일본고대의 공동체 사회의 생활전반을 좌우하던 제사라는 의례활동을 바탕으로 성립되었다. 그래서 비단 종교적인 측면 뿐 아니라 윤리와 도덕, 생활양식 등 일본인의 생활전체에 지배적 영향을 끼치고 있다.

그 발전과정에서 유교나 불교 등 타종교의 영향을 받은 부분도 있으며, '신도' 라는 말이 최초로 발견된 기록은 '니혼쇼키 日本書紀' 의 요메이 천황[用明天皇]조의 '천황신불법 존신도' (天皇信佛法尊神道)와 고토쿠 천황[孝德天皇]조의 '존불교 경신도' (尊佛敎輕神道)라는 언급에서 이다.

신들을 모시는 사당은 고유한 신성의 성역으로 이 곳으로 들어가는 문인 토리는 속세와 신의 성스러운 공간을 구분짓는 중요한 상징으로, 이 거룩한 사당 안에 불순한 어떤 것도 들어가지 못하도록 막는 역할을 한다. 모든 사물을 정화하는 새끼줄로 꼰 볏짚이 걸려있기도 하는데 사당으로 들어가기 전 이 토리를 거침으로서, 신도들은 세간에서 행한 온갖 불순한 악과 죄의 흔적을 깨끗하게 씻을 수 있다.

(2) 타이라의 나비

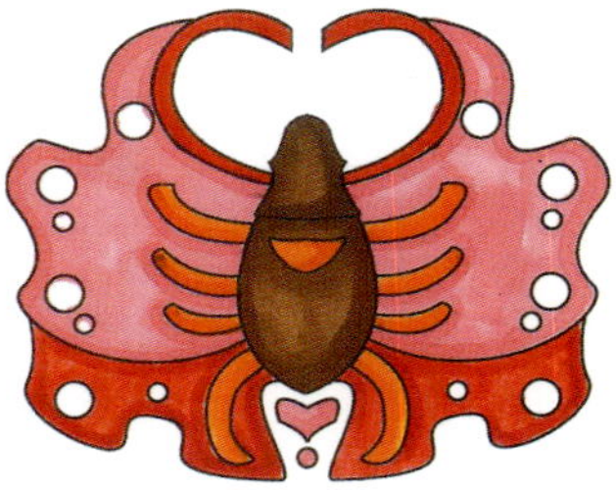

일본 타이라 가문의 문장으로 사용되었던 나비문양에서 유래한 상징으로, 여성적인 아름다움을 나타낸다.

고대 일본에서 나비는 '여성의 젊음'을 상징한다. 참고로 나비 두 마리가 함께 춤추는 모습을 그린 상징은 부부 혹은 결혼 후의 행복을 상징하기도 한다. 일반적으로 나비는 아름다움과 변화, 혹은 짧은 행복을 의미한다. 이 나비문양은 일본에서 1150년경 만들어진 것으로, 타이라가문(Taira Family)의 문장(arms)으로 사용되었다고 한다.

(3) 장수거북

일본에서 거북상징은 불멸의 에너지를 담고 있으며, 거북은 느리지만 서두르지 않고 일에 열중할 수 있는 끈기를 주는 상징이다.

덧붙여 이솝우화(Aesop' s Fables)에 나타난 바와 같이, 거북은 확고한 결단력(steady determination)을 나타내는 동물 상징이다.

고대 일본인들은 이 상징안에 생명을 지속시키는 힘이 담겨있어 건강을 향한 기원을 담고 있다.. 일반적으로 거북은 그 생물학적 특성 때문에 달이나 물과 연결되기도 하며 장수 뿐 아니라 다산과도 연결된다. 세계곳곳에서 발견되는 신화속에서 거북은 우주적 의미를 갖고 있는데 즉 세계를 떠받치고 있는 기둥과 같다고 한다. 특히 힌두교에서는 인류의 조상이 거북인간이라고도 한다.

04

헤나 아트 디자인

SECTION 1 인도 전통 디자인

1) 인도인에게 있어서 헤나의 의미

초기 헤나는 아름다움을 추구하는 예술의 형태가 아니었으며 헤나를 그리는 것은 여인을 통해 우주 또는 신에게 무언가를 전하기 위한 언어로 생각되었다.

모로코(Morocco)에서는 애니미즘(animism 모든 사물과 살아있는 생명에는 영혼이 있다는 신앙)을 바탕으로 헤나에 신비로운 힘이 깃들어 있다고 믿었고 이슬람교의 창시자인 예언자 마호메트는 헤나 꽃을 매우 좋아하였기 때문에 그가 신비로운 힘을 가지게 되었다고 까지 믿었으며, 그 결과 헤나는 이슬람 전통의 일부로 전해지게 되어 축복, 보호, 재계(齋戒) 목적으로 행해져왔다.

헤나를 한 여인

인도의 힌두교 인들은 번영의 여신인 Lakshmi가 헤나 디자인에 머무른다고 믿었으며 그래서 인도여인은 Lakshmi의 존재를 느끼고 그녀의 은혜를 얻기 위해 자신의 손을 헤나로 장식하고 헤나를 배웠으며, 그러지 않으면 여신을 모욕하는 것이 되어 불행한 결과를 갖게 된다고 믿었다.

신화라는 것은 어찌보면 당위성을 강조하기 위해 조금은 지나치게 의미 부여가 된 것이지만 그것을 감안하여 생각해 보아도, 헤나가 얼마나 오래 전부터 행해졌으며, 대중적, 혹은 중요하게 사용되었는지 충분히 알 수 있다.

다양한 인도의 신 중 가장 유명한 신인 Shiva 는 파괴의 신이자 힌두교의 가장 강력한 신으로 Shiva 왕에게는 Parvati라는 배우자가 있었다.

신화 내용에 따르면 Parvati는 Shiva에게 즐거움을 주고 그의 총애를 얻기 위해 자신의 몸을 헤나로 꾸몄으며, 그로 인해 Shiva의 사랑을 얻은 Parvati는 까다롭기로 유명한 Shiva와 행복한 결혼생활을 하였다.

이처럼 인도의 여인에게 헤나의 의미는 행복한 삶을 위한 필수 조건으로 여기에는 두 가지 의미로 분석할 수 있다.

첫째는 단순한 장식의 의미이다.

자신의 외형을 아름답게 꾸미기 위해 화장을 하고 장신구를 하듯이 헤나를 사용하여 아름다움을 추구한 것으로 좀 더 아름답게 하기 위해 멋진 문양을 고안하고 진한 색을 내기 위해 노력하였다.

두 번째는 신에게 전하는 기원이다.

Shiva의 사랑을 받는다는 것은 곧 그의 보호아래 놓이게 된다는 것을 의미하기 때문에, 따라서 헤나의 문양은 단순한 장식용의 그림이 아니라 신에게 바라는 염원을 도형으로 형상화하여 마음을 담아 전하는 것이다.

이러한 신화에 대한 믿음으로 오래전부터 인도인들은 신을 위로하고 마음에 들게 장식하여 불행으로부터 자신과 자신의 가족을 보호하고 축복받기 위해 헤나를 사용하였다.

헤나를 한 젊은 세 여인

기록문화가 발달하기 훨씬 이전부터 헤나가 행해졌다는 것을 감안해 봤을 때, 그 문양에 많은 의미가 담겨 있음은 쉽게 추측할 수 있으며, 오늘날 헤나를 하는 많은 사람들은 주로 장식의 의미로 받아들이고 행해지지만 그 문양 하나하나에는 오랜 세월을 거쳐 많은 의미들과 기원이 담겨져 있는 것이다.

"축제의 나라 인도.

그곳에서 사람들은 말이나 글이 아닌 헤나로 이야기하고 있다.

아름다움을 위한 장식의 도구뿐만 아니라 그들만의 대화를 위한, 나아가 신에게 바치는 언어로 사용되고 있는 것이다."

헤나의 시작은 '아름다움' 보다는 '언어' 였다.

인도에서는 이러한 대화를 나누기 위한 매개물로 몸(신체)을 사용하였고 그 중에서도 주로 여성의 몸에 그려 표현하였다.

우리나라는 예로부터 몸은 부모로 부터 물려받은 것으로 귀하게 여겨 몸에 무언가를 하는 문화가 발달되지 못했으며 문신은 커다란 죄를 지어 그것을 새기기 위한 용도로 사용되었기 때문에 매우 부정적인 시각을 가지게 되었다.

그러나 인도에서는 사람의 몸이 신에게 말을 건네기 위한 가장 좋은 매개물이라고 믿었으며, 특히 여성의 몸에서 생명이 탄생한다는 점에서 생명을 창조하는 신과 가장 가까울 것이라 생각하여 헤나는 주로 여성들에 의해 아름다움을 추구하는 여성의 본질에 맞물려 그 긴 역사의 문화가 만들어 지게 되었다.

삼각형(Shiva)

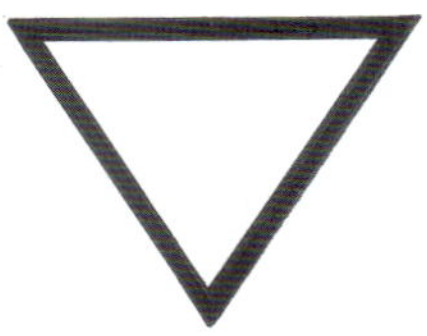
역삼각형(Shakri)

육각별(Satkona)

Hexagon inside satkona

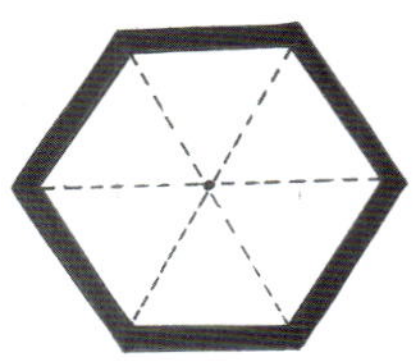
육각형(Sadbhuja)

2) 인도 전통 헤나 문양

헤나는 비밀스러운 상징의 언어로 그 뜻이 깊고 매우 다양하여 매우 오래 전부터 여러 분야에서 발달되어 왔으며 헤나의 특정한 문양의 사용은 문양 자체가 가지는 아름다움 뿐만 아니라 문양 속에 내포된 여러 의미들에 더 무게를 둔다. 오히려 고대로 거슬러 올라갈수록 문양에 깃든 의미와 그로 인해 갖는 문양 자체의 힘에 대한 연구와 시도가 다양하게 행해졌으며, 현대로 오면서 의미는 퇴색되고 아름다움을 추구하게 되었다. 여기에서는 오랜 헤나 역사를 가진 인도에서 문양에 어떠한 의미를 부여하고 기원했는지 알아보고자 한다.

(1) Basic forms기본 형태

탄트라 철학에 따르면 점(bindu)은 모든 형태의 본질이다. 이것은 모든 신비한 형태의 기반이 되고, 모든 것이 발산되고 모든 것을 융합하는 씨앗(bija)이다.

모든 상징은 씨앗의 형태에서 시작이고 헤나(henna)의 비밀스런 언어를 위한 절차가 된다.

선(rekha)이 만나면 각(kona)이 생긴다. 그 각의 안쪽과 바깥쪽은 삶의 이중성에 비유된다.

인도에서는 삼각형(trikona)은 가장 강력한 상징의 하나이다. 정삼각형 모양은 활동적인 의미 즉 남성 본질을 나타낸다. 역삼각형은 수동적 의미 즉 여성을 뜻한다.

이것의 기초에 바탕을 두고, 정삼각형은 불과 하늘을 향해 올라가는 것을 의미한다. 그리고 이것은 Shiva의 상징이기도 하다. 반대모양 즉 역삼각형은 여성인 모든 것을 반영한다.

이것은 에너지(Shakti)의 상징 이다. 삼각형은 또한 브라흐마(Brahma 범천(梵天) 모든 중생의 아버지, 힌두교 최고의 신), 비슈누(Vishnu: 비슈누 3대신(大神)의 하나), 그리고 루드라(Rudra :인도 신화에 나오는 폭풍의 신)는 삼위일체의 상징이기도 하다. Brahma는 창조력과 관계된 신이고, 힘을 유지하는 비슈누(Vishnu), 폭풍의 베다 신 루드라(Rudra)는 시바(Shiva)와 연결되어있고 변화의 신성한 힘이다.

육각형(sakona), 또는 6개 모서리가 있는 별모양은 여성과 남성 본질의 결합을 의미한다. 굉장한 성공을 암시하며 행운과 번영을 의미한다.

6개 모서리가 있는 별 내부를 보라, 정육각형(hexagon,sadbhuja)을 발견할 수 있을 것이다.

정육각형(hexagon)은 본질을 풍부하게 쓰는 강력한 형태이다. 벌집, 눈송이, 그리고 거북 껍질에서, 물 거품의 집단, 그리고 우리 신체의 세포에서, hexagon의 형태를 발견할 수 있다. 정육각형(sadbhuja) 또한 의식의 그림의 많은 형태로 나타난다.

사각형(catuskona), 사각은 안정과 질서(정돈), 속세계(물질계), 그리고 반대되는 힘의 균형을 상징한다. 이것은 정직, 보호, 그리고 의존할 수 있음을 의미한다. 이것은 또한 근원의 기반 또는 실제 기초를 의미하는 물라다르(muladhar)라 부른다. 이것은 힌두교 상징학(기호론)에서 가장 일반화되어있다.

다이아몬드는 깨달음(bodhi)을 상징한다.

오각형, 또는 5개 끝점이 있는 별은 pa cakona라 부른다. 이것의 다섯 부분은 불, 물, 땅, 공기, 그리고 하늘의 요소를 상징한다. 이 형태는 흑마술(악마의 힘을 빌린 마술), 신비(비술)와 관련되어있다.

8각형(octagon astakona)은 두 개의 사각을 겹침에 의해 만들어진다. hexagon이 두 개의 삼각인 것 처럼 이것은 Vishnu 왕, 인류의 보호, 도덕질서(dharma), 그리고 세계와 연관되어있어 보호의 상징으로 사용되었다. ashtadala(8 꽃잎)로 변형되었을 때, 이것은 태양 숭배에 사용되는 해의 상징이 된다.

십자가(bavari)는 저장 또는 행복을 형상화한다. 사각을 그 위에 포개놓았을 때, 결과 디자인은 sarvatobhadra라 부른다. 이것은 매우 상서로운(길조의) 부호이다. 이것은 사각을 나타내는 사원 또는 신성한

사각형(Catuskona)

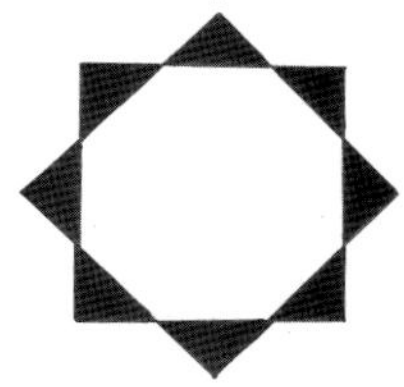

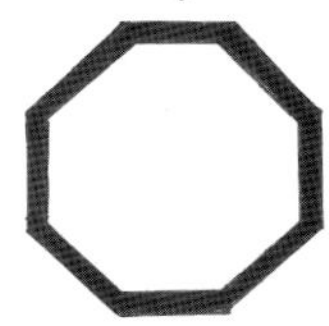

팔각형(Astakona (octagon) formed by overlapping squares)

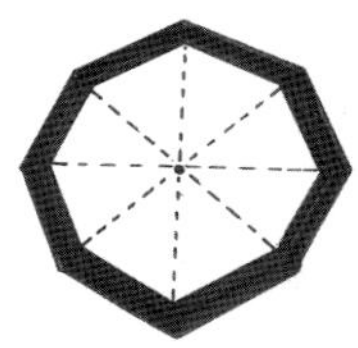

Divied octagon

Ashtadala

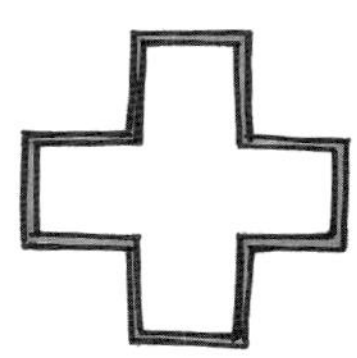

Babari

Sarvatobhadra

SRI YANTRA

공간인 신비주의적 형태이다. 그리고 십자는 사방에 입구를 형성한다. 아프리카 헤나 디자인에도 나타나는 이 부호는 헤모글로빈(hemoglobin: 신체가 산소를 흡수하는 것을 돕는 혈액의 가장 중요한 구성요소)과 엽록소(chlorophyll) 식물에서 광합성에 필요한 포르피린(porphyrin), 헤모글로빈의 금속을 제거한 화합물의 현미경적 구조와 강하게 닮았다.

(2) The mandala 만다라

원cakra은 전체, 완전, 무한, 완성의 형태이다. 이것은 시작도 끝도 없다. 단지 내부와 외부가 있다.

이것은 우주, 태양, 달, 지구, 별들의 본질의 형태이다.

"모든 면에서 완전한 형태이다totality of the psyche in all aspects." - Carl Jung

원은 우리가 살고 있는 행성의 모양이고, 우리가 보는 눈의 모양이다. 홍채(iris)는 완벽한 만다라(mandala)의 모양을 띠고 있다. 눈동자(동공)의 어두운 중심을 둘러싼 색의 동심원 패턴(pattern)이다.

놀랍게도 우리의 몸에 그것도 시각의 기관인 홍채가 mandala와 같이 완전한 형태를 가지고 있다.

mandala는 때로 원의 형태라고 생각되어지기도 하지만 이것은 사실 중앙 점에 관련된 동심원 형태의 개념이 바탕이다. mandala는 종종 원, 사각, 그리고 삼각형을 포함한다. 그리고 고대 인도의 얀트라(yantra)에서 그들의 본질적인 형태에 도달한다. 이들은 명상적인 도구와 같이 정신적인 훈련에 사용되었다. David Fontana는 그의 책〈The Secret Language of Symbol〉에서 yantra에 대해서 이렇게 썼다.

"명상을 위한 더 진보된 집중을 제공한다. 왜냐하면 그들은 거짓을 넘어 물리적 형태의 세계인 실체를 표현하기 때문이다."

이것은 진실 혹은 절대적 의미를 겹겹히 싸고 있는 형태가 명상에서 보이는 정신세계를 말하기 때문이다.

(3) The lotus연꽃

연꽃은 신비하고주목하지 않을 수 없는 상징(symbol)이고 헨디아트(henna art)에서 사용하는 많은 사람들이 가장 좋아하는 표현 이미지(image) 중 하나 이다. 연꽃은 줄기와 뿌리를 뿌연 물에 모습을 감추고 꽃은 하늘로 피어난다.

이것은 무의식의 심연으로부터 피어나는 의식으로 인간 영혼의 자각(각성), 무지의 어둠으로부터 일어남, 그리고 맑음 찾기와 깨달음을 형상화한다. 연꽃은 두 영역에 존재하는 - 눈에 보이는 표면 위쪽과 바로 아래쪽 - 본성의 이중성을 표현한다.

연꽃에서 우리는 은총, 아름다움, 여성스러움, 기회, 그리고 관능을 느낄 수 있다.

연꽃은 힌두교 신화에서 주요한 역할을 한다. 이 예술적인 상징, 이것은 여신 락슈미(Lakshmi)와 관련된 상징이다. 그녀는 연꽃에 위에 있거나, 둘러싸여 있거나, 또는 연꽃을 들고 있는 형상으로 나타나는 것이 특색이다.

한때 불교의 초상화에 채택되어, 연꽃은 청렴(청결, 청순, 결백)으로 상징되었다. 왜냐하면 그들이 자라는 바깥이나 물위에서 잎도 꽃잎도 진흙의 흔적을 전혀 보여주지 않기 때문이다.

이 외에, 연꽃은 모든 식물의 일생과 창조성, 완성, 그리고 여성의 성기관을 상징한다.

연꽃은 다양한 형태로 나타나 때때로 구분하기 어렵다. 이것은 한 겹의 꽃눈, 또는 많은 꽃잎을 가진 형태로 나타날 수 있다. 보통 뾰족하게 그려지기도 하지만, 둥글게 나타나기도 한다.

로제트 잎(lotus resette) 등이 여러겹으로 서로 겹쳐져 방사상으로 나와 있는 모양는 보통 꽃잎이 8장 인데 4의 배수로 증가된 바깥층을 갖는 무수한 꽃잎을 가진 특별한 연꽃을 달성, 영혼의 단위(atma)의 상징이다.

헤나에서 다양한 형태의 연꽃은 빛을 찾는 영혼의 이 상징으로 만다라(mandala)를 묘사하기 위한 방법으로 적합하다.

연꽃(Lotuses)

(4) Other symbols in Henna 헤나에 있어서 다른 상징

일반적으로 헤나 디자인을 할 때 남편과 아내 사이의 깊고 오래가는 사랑의 모든 상징을 표현할 때 해, 달, 그리고 별들과 같은 모양을 사용하기도 한다.

꽃, 덩굴, 포도나무, 물결, 전갈, 공작, 앵무새, 피클, 사람, 사탕, 도자기 그릇, 물주전자, 악기, 코끼리, 부채꼴, 깃털, 편물(직물), 그리고 불꽃을 헤나 디자인에 포함 시키는데 이들 항목 각각은 객관적이기 보다는 주관적인 개개인의 역할에 비례해 중요성과 의미를 가진다.

망고(Mangos)

(5) Fruits, Flowers, and Vines과일, 꽃, 덩굴

많은 종류의 꽃은 기쁨을 가져다 주는 상징으로 믿어졌다.

해바라기, 수련, 데이지, 은방울꽃, 아이리스, 그리고 장미를 주로 사용하는데 장미는 성숙하지 않은 망고(keri)와 같이 일반적인 결혼식 테마이다. 처녀성과 여름의 도래를 나타내는 상징이다.

포도나무 또는 덩굴은 헌신 또는 전념, 강한 애착, 헌신적 사랑, 신앙심의 symbol이고 유연함과 활력을 불러일으킨다. 빛을 향해 끊임없이 자라고 그들의 오름을 위해 버팀목이 필요하다는 사실은 헌신, 인내, 모든 살아있는 것들에 의해 분담된 기본적인 필요를 암시한다.

(6) 동물 테마 Animal Motifs

인도의 henna design에서 가장 일반적으로 보여지는 동물은 새이다. 그리고 이들 design에서 가장 일반적으로 보여지는 새는 공작 mayura이다. 공작은 Asia 지역 고유이며 India의 국조이다. 그것의 아름다움과 훌륭한 깃털로 알려진 공작은 서로 떨어져 있는 기간동안 그녀의 남편을 위해 갈망하는 부인의 반려라고 생각되어진다. 그들의 우아함과 아름다움과 함께, 이들 새는 여성들의 슬픔으로부터 떼어놓고 그들의 주의를 빼았는 것으로 생각된다.

백조와 앵무새 같은 다른 새 또한henna design에서 나타난다. 백조(hamsa)는 성공의 전조이다. 그런데 앵무새는 사랑하는 사람들 사이에 비밀스런 message를 운반하는 messenger로 묘사된다.

물고기는 여인의 눈을 상징한다. 전갈(bicchu) 또한 낭만적인 상징이다. 이것의 독침으로 쏘는 것은 큐피드의 화살과 비슷하다.

전갈(Scorpion)

3) 인도 전통 문양의 기본

인도의 전통문양은 헤나외에도 건축물과 성전에서 많이 보여지는데 우리나라의 상감기법처럼 돌을 형태에 맞게 파내고 그 안에 붉은 색의 흙이나 색이 있는 돌을 채워 장식하였다.

문양의 계속해서 반복적으로 이어지는 것은 행복의 지속, 영원성을 상징하는 것이다.

(1) 양탄자문양

타일이나 건물의 벽돌의 장식으로 자주 사용된다. 사각의 형태에 스칼럽선을 반복적으로 사용하여 장식한다.

(2) 꽃 문양

화려한 장식적 이미지를 나타나기 위해 가장 많이 사용되는 꽃문양은 풍성한 이미지를 주기위해 반복적으로 사용된다.

스칼럽선 ∩∩ ∩ 의 응용

넝쿨문양 복합하여 사용

인도에선 꽃모양중 연꽃잎 문양을 가장 많이 사용하였다.

(3) 넝쿨 모양

힌두교와 이슬람교의 종교적 영향으로 인해 벽면이나 공간을 아름답게 꾸미기 위한 문양으로 매우 장식적이고 화려하게 발전되었다.

(4) 망고와 꽃모양의 응용

기본문양은 서로간의 융합으로 인해 더욱 장식적으로 발전하였다. '점' 은 다산의 의미로 점을 많이 찍을 수록 행복이 많아지는 것을 의미하며 이처럼 인도의 전통문양은 공간안에 더 많은 점과 선을 사용하여 복된 의미를 더 증대시킨다.

하트 : 사랑의 상징

4) 인도 전통 문양의 응용

인도에선 인생에 있어서 결혼식은 굉장히 큰 의미를 갖는 행사로 아래의 디자인은 신부의 행복을 비는 마음을 담아 가족들이 신부에게 해주는 디자인이다.

헤나를 정성껏 신부에게 해주며 결혼후 생활에 대한 많은 덕담을 나누고 또한 신부의 어머니는 신부의 헤나가 오래도록 간직되어 지도록 정성껏 디자인한다.

헤나가 신부에게 있는동안은 신부는 집안일을 하지 않아도 되는 풍습으로인해 어머니는 딸을 보내며 딸이 고생하지 않기를 바라는 마음이 담겨진다.

(1) 연꽃잎과 넝쿨 디자인

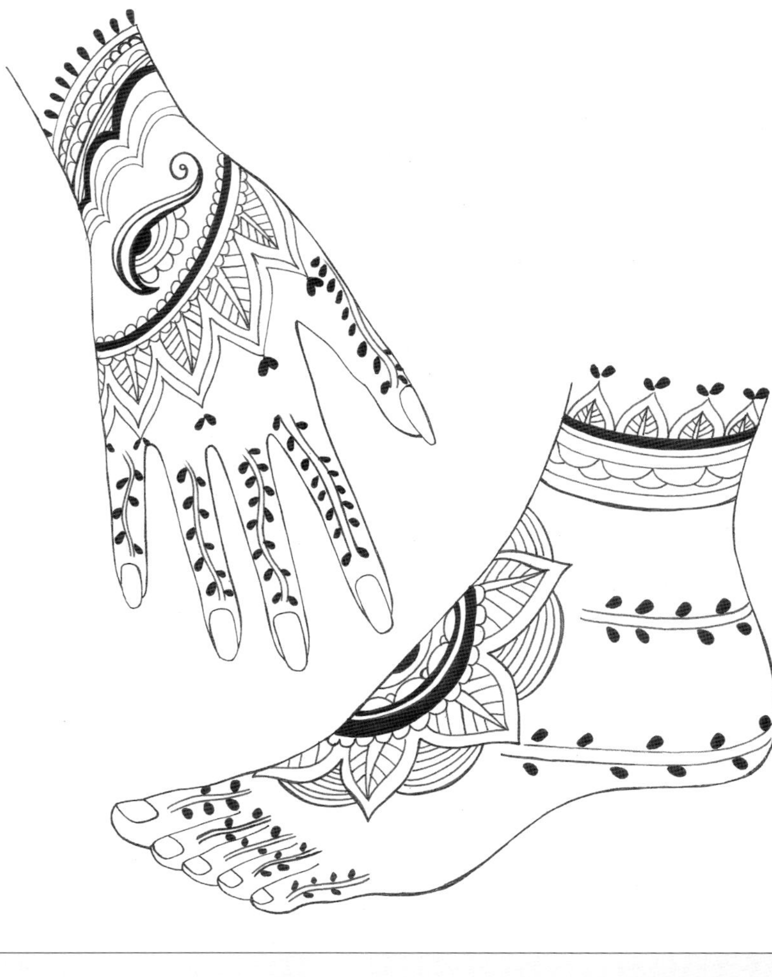

(2) 넝쿨을 이용한 수평구도

(3) 꽃모양을 이용한 장식적 디자인

①

②

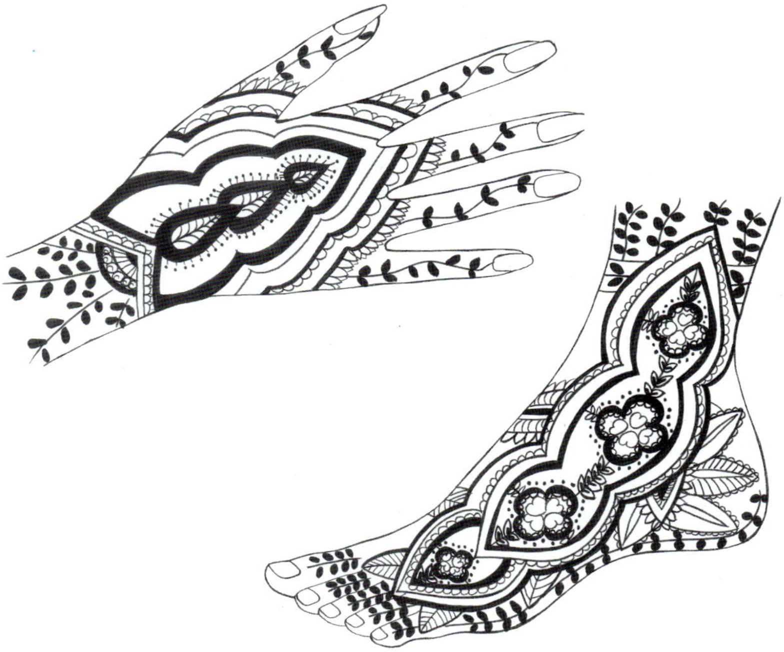

③

손에 헤나를 한 인도 여인의 모습

(4) 하트와 망고를 이용한 디자인

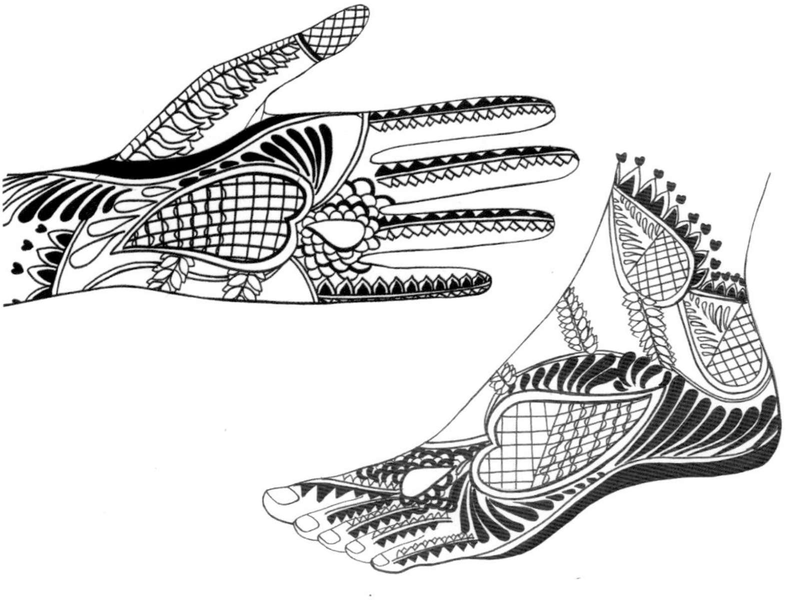

(5) 그 밖의 문양을 이용한 디자인

(6) 문양을 인체에 그리는 과정

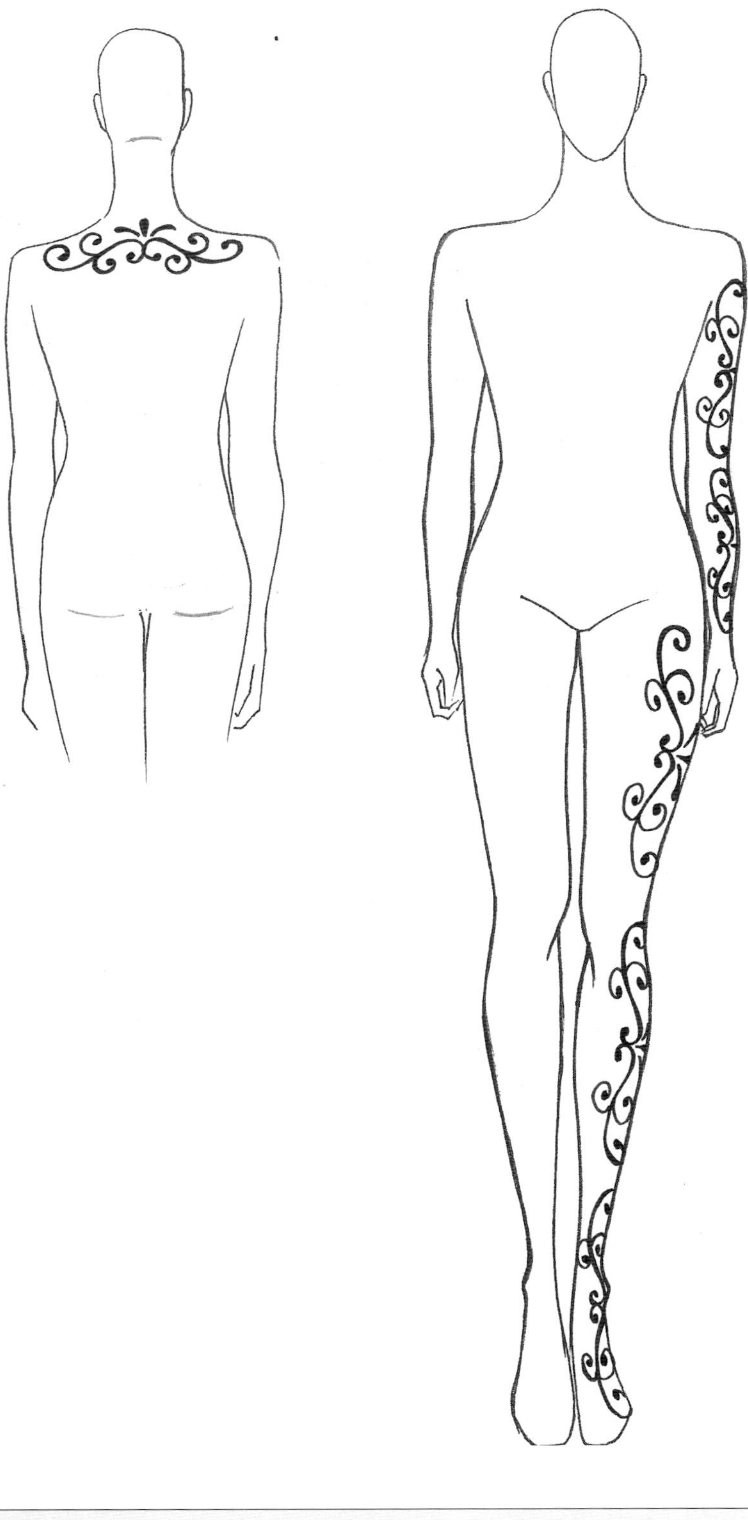

●● 문양그리는 순서

① 중심을 잡은 후 가장 큰 선부터 그려 위치와 크기를 정한다.

② 대칭면인 선을 그려 수평구도를 맞춘다.

③ 장식선을 위치에 맞게 그려준다.

④ 장식선을 그려준다.

⑤ 장식선들이 좌 · 우대칭이 맞는지 선이 조화로운지 등을 다시한번 확인한다.

SECTION 2 트라이벌 디자인

1) 트라이벌

트라이벌은 대체로 단순하고 추상적인 형태로 함축적인 의미를 가지며 문신역사상 가장 오래되고 먼저 실현된 장르인데 원시사회 때부터 부족을 구분하고, 자신의 역량을 과시하기 위한 목적으로도 새겨졌다.

문신은 가장 오래된 예술 형태 중의 하나로 최초의 문신은 우연히 만들어졌을 것으로 추정된다. 어떤 사람이 상처를 입게되어 그 부위를 손으로 문지렀을 때. 먼지나 재가 섞여 들어가게 되었다면 상처가 다 나은 뒤에도 그 자리는 영원히 흉터가 남게 되는데 원시인들은 이 현상을 예술적으로 사용할 방법을 알게 된 것이다. 문신으로 새기는 무늬는 사람의 취향에 따라 다양하긴 하지만 트라이벌 형태로 대상을 단순, 장식화한 스타일로 부족적, 주술적인 문양의 발전적 형태이다. 폴리네시아, 아메리카 인디안 등의 Tattoo에서 그 기원을 찾아볼 수 있으며 현대엔 검정색 기하학적 덩쿨모양의 힘있고 아름다운 스타일이 주류를 이룬다. 지금은 어떤 의미를 간단한 기호로 표현할 수 있다는 점에서 비교적 대중적인 장르로 자리잡고 있으며 색은 대체로 검정색(solid black)안료를 사용한다.

언제부터인가 실험정신이 강한 많은 타투이스트들에 의해 트라이벌은 검정색이라는 관념이 깨지고 여러가지 기교와 다른 장르와의 결합으로 화려한 표현도 가능하게 되었다.

헤나 아트에서 가장 문신과 비슷한 이미지를 주는 트라이벌은 영구적인 문신과 달리 비영구적으로 패션을 중시하는 계층에게 하나의 패션 아이콘으로 자리잡아가고 있다. 트라이벌을 이해하기 위해서는 문신의 개념과 역사, 종류 등 기본적인 지식이 필요하다.

2) 문신

(1) 문신의 정의

문신[文身, tattoo]은 피부에 상처를 만들고 색소 등을 피부에 고의로 넣어 그림이나 문자 등을 나타내며 입묵(入墨) · 자문(刺文)이라고도 한다.

문신의 풍습은 이미 원시시대부터 있었으며, BC2000년경 이집트의 미라와 세티 1세(재위 BC 1317 BC 1301)의 무덤에서 나온 인형(人形)에서 문신을 찾을 수 있다. 일반적으로 문신은 고대엔 성년식(成年式)이나 씨족이나 부족의 일원으로 다시 태어나는 과정을 거치며 행해지는 하나의 의식에 속하며, 할례(割禮) · 발치(拔齒) · 천이(穿耳) 등의 신체변공(身體變工)과 함께 행해지기도 하였다.

또한 주술종교적인 의례와 장식적, 미학적(美學的) 의미도 지니며 복합적인 성향을 지닌다. 그밖에도 계급을 나타내거나 자신을 보호하거나 결혼이나 출산(出産) 등 큰 의미를 지닌 행사를 기념하기 위함과 호적(戶籍)을 대신하여 행하는 수도 있었다.

(본문 출처 : 두산세계대백과 EnCyber)

(2) 문신의 어원

문신을 독일어로 "Tatowirungz" 불어로 "Tatouage" 그리고 이탈리아어로는 "Tatuaggio" 이며 철자법만 약간씩 다를 뿐 모든 유럽의 언어에 존재 한다. 하지만 문신의 어원은 Captain Cook이 1771년 남태평양으로의 첫 항해로부터 돌아와 문신을 유럽에 전하였을 때보다도 훨씬 더 오래된 기원을 가지고 있다.

Otahitan인들의 관습에 대해 Captain Cook이 쓴 책을 보면

"그들은 그들의 몸을 동물의뼈 로 만든 작은 도구들로 눌러 찍거나 뚫어 흠집을 내고 그 흠집을 기름기가 있는 땅콩 따위를 태운 연기를 이용해 만든 진청색 또는 검정색의 염료로 채운다.

그 원주민들에 의해 불려진 "Tattaw"라는 이 방법은 피부에 지울 수 없는 흔적을 남긴다. 그것은 그들이 열살 이나 열두살쯤 되었을 때 몸의 특별한 부분에 행해진다."

여기서 Otahitan인들의 언어인 "Tattaw"는 폴리네시아인들의 언어

로 두드리거나 때린다는 것을 의미하는 "Ta"에서 유래되었다고 한다. 또, 그 말에 대한 서양의 기원은 군인 역사가인 James Turner경이 Cook의 첫 항해 이전 자신의 글에 "Tattoo"라는 단어를 북을 두드린다는 의미를 가진 군부대 내의 신호로 사용하고 있다. 때문에 폴리네시아의 말 "Tattaw"와 라틴어에 어원을 가지고 있는 "Tattoo"라는 이미 친숙해진 단어는 동일시되어 왔을 가능성이 크다.

(3) 문신의 종류

문신은 피부색에 따라 두 가지 양식으로 나타나는 것이 보통이다. 피부색이 짙은 종족 에서는 상흔(傷痕) 또는 난자(亂刺)의 방법이 이용되고, 피부색이 엷은 종족에서는 색소(色素)를 사용하는 고유의 문신이 행해진다.

① 색소문신

색소를 사용하는 고유의 문신은 지워지지 않도록 일정한 색소를 피부에 물들이는 것을 목표로 하고 있다. 물론 이 시술은 살빛이 엷은 사람들에게 효과적이다.

이용되는 색채는 흑색이 제일 많은데, 청색이나 녹색, 드물게는 적색도 쓰인다. 문신을 할 때는 우선 대상이 되는 모티프가 피부에 표시되며, 손으로 직접 붓 같은 것을 가지고 무늬를 그리든지, 아니면 무늬를 새긴 목제(木製) 스탬프를 눌러 찍는다.

유럽의 신석기시대나 금석병용기(金石併用期)의 유물 중에서도 이와 같은 목적으로 사용된 듯한 테라코타의 스탬프가 발견되었다. 피부에 모티프가 그려지면 미리 선택한 색소를 적신 바늘로 찔러 시술을 하는데, 이를 자문신(刺文身)이라고 한다. 이 방법은 세계에 널리 퍼져 있는데, 사용되는 도구는 지역마다 다르다.

북동아시아와 북(北)아프리카의 일부지역에서는 바늘구멍에 물감을 칠한 실을 꿰어 데생을 꿰매나가는 방법, 즉 봉문신(縫文身)이 행해지고 있다.

(ㄱ) 블랙 & 그레이

가장 일반적으로 사용되는 문신으로 무겁고 중후한 이미지를 준다. 극사실적인 묘사가 가능하며 디자인은 그 형태나

문양, 크기 등 다양하다. 명암의 차이로 섬세하게 표현 할 수 있다

(ㄴ) 트라이벌

트라이벌은 대체로 단순하고 추상적인 형태로 함축적인 의미를 가지며 문신역사상 가장 오래되고 먼저 실현된 장르인데 원시사회 때부터 부족을 구분하고, 자신의 역량을 과시하기 위한 목적으로도 새겨졌다. 폴리네시아, 아메리카 인디안 등의 Tattoo에서 그 기원을 찾아볼 수 있다. 현대엔 검정색상으로 형태를 단순화하여 기하학적 덩쿨모양의 힘있고 아름다운 스타일로 새기는 것이 주류를 이룬다.

(ㄷ) 칼라

블랙 & 그레이와는 다르게 매우 화려하며 고난이도의 스타일을 연출 할 수 있는 문신으로 화려한 이미지를 주며 극사실적인 묘사가 가능하다.

이레즈미
일본 전통 문신

(ㄹ) 이레즈미

일본 전통 문신을 뜻하는 것으로 몸 전체를 화려한 색채로 디자인 한다. 야쿠쟈들에게서 이레즈미 문신을 볼 수 있는데 예전과 달리 야쿠쟈라 하여 꼭 문신을 하는 것은 아니다.

(ㅁ) 커버업

잘못된 문신이나 시간이 지나 색이 바랜 부분을 다시 재작업 하는 과정으로 이미 문신으로 인해 흉터가 생긴 피부이므로 전문가의 세심한 작업이 필요하다.

② 상흔 문신(傷痕文身)

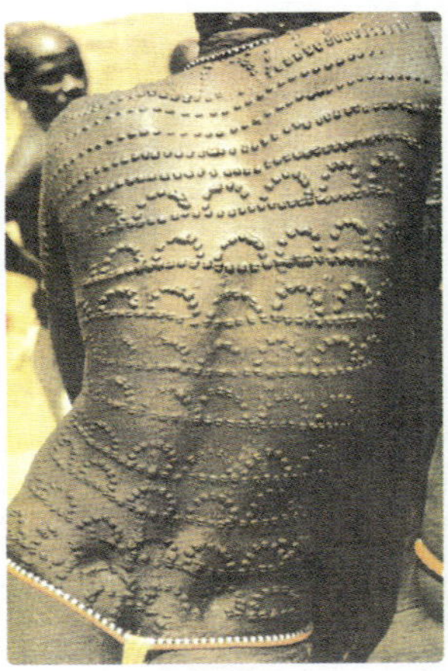
상흔 문신

상흔문신은 피부에 흠집을 내어 흉터를 만들어 몸에 장식하는 것으로, 살을 베어 흠집을 낸 다음, 상처가 아물 때까지 그대로 두면 우묵한 직선의 흉터가 생기는데, 이를 반흔문신(瘢痕文身)이라고 한다. 이와 같은 방법은 널리 퍼져 있지는 않으나, 아프리카에서는 수단인(人)이나 호텐토트가 사용한다.

중부 아메리카에서는 C.콜럼버스 이전의 퀘바족(族) 사이에 번성했으며, 멜라네시아에서는 산타크루즈섬[島]에서 행해졌다. 이 섬사람들은 얼굴과 가슴 등에 상흔을 했다.

상흔문신 중 장식적 또는 켈로이드 증상의 상흔은 반흔 문신에 비해 보편화 되어 있으며 이는 부조(浮彫)가 된 큰 상흔으로 서(西)아프리카

의 반투족(族)이나 나일강(江)지역의 주민들 사이에 널리 퍼져 있으며, 여성들이 주로 이용한다.

아메리카에서는 고대 마야인(人)에게서 볼 수 있고, 중미(中美)의 수모족(族)이나 부리부리족(族)은 지금도 행하고 있는데, 상처 부위를 불에 태운 일종의 송진으로 덮어 바른다. 오스트레일리아의 서부와 북부에 사는 토인들도 켈로이드 증상의 문신을 하고 있다. 남부 멜라네시아의 뉴헤브리디스 제도에서는 별 모양의 장식적 상흔을 즐겨 만들었고, 폴리네시아에서는 피지 제도의 여성들이 장식 상흔을 한다.

동(東)인도네시아에서는 바바르섬[島] 이나 티모르 라우트의 무나족(族)이 불에 태워서 만드는 상흔의 풍습을 지닌다.

(4) 문신의 역사

① 청동기 시대

1991년, 5천년 가량 된 냉동 상태의 남자 사체 한 구가 오스트리아와 이탈리아 국경 근처의 한 산에서 발견되었다. 전 세계 신문의 헤드라인을 장식한 이 '냉동인간 외찌(ötzi the ice man)' 의 몸에 문신이 새겨져 있었다.

현재까지 발견된 청동기인의 사체 중 가장 그 보존 상태가 좋은 이 냉동인간의 몸 표면에는 모두 57개의 문신이 남아 있었다. 왼쪽 무릎 안쪽에 십자 무늬 한 개, 신장 위치 쪽에 15센티미터 길이의 직선 여섯 개, 그리고 양쪽 발목 부위에 수십 개의 평행선 무늬가 새겨져 있었는데 그 위치로 보아, 치료(즉, 관절 부위의 통증에 대한 치료)를 목적으로 한 문신이 아니었을까 추정하고 있다.

② 이집트

초기 고고학자들은 문신에 대한 당시 사회의 전반적인 태도로 인해, 고대 이집트인들의 문신과 관련된 문서 기록이나 유물, 예술품 등을 사실상 외면해 왔다. 그러나 고대 이집트 11왕조 초기의 것으로 추정되는 미이라들이 재발견되면서, 예술 형식으로서의 문신을 가늠할 수 있는 계기들이 생겨났다.

1891년, 기원전 2160년에서 기원전 1994년 사이에 살았던 것으로 보이는 한 여성의 미라가 고고학자들에 의해 테베에서 발견되었다. 고대 이집트의 여신 하토르(Hathor)를 모시는 여사제였던 이 미라의 몸에는 몇 개의 선과 점으로 이루어진 문신이 남아 있었다. 여러 개의 점과 짧은 가로선들이 모여 있는 이 문신은 추상적인 기하학적 무늬를 이루고 있었는데, 이러한 형식은 오직 여성들에게만 허용되던 것으로, 보통 이 여성들은 종교적 제의와 관련된 사람들이었다.

전 세계에 문신 관습이 전파된 데에는 이집트인들의 공이 컸다. 피라미드를 건설했던 이집트의 제3대, 4대 왕조는 크레타 섬에 그리고 그들의 문신 기술이 동남아시아까지 전파되었다. 그 이후 서아시아의 유목민족인 아이누인(Ainu)들의 이동 경로에 따라 문신 기술이 일본에까지 전해지게 되었다.

③ 태평양

사모아 섬 원주민의 문신

이 지역에서는 자문신이 널리 이용되고 있으며, 폴리네시아에서 가장 성하다. 뉴기니에서는 많은 부족이 문신을 하는데, 특히 해안지방의 부족들에게 보급되어 있고, 코이타족(族)의 경우는 여성이 어렸을 때 시술한 것을 성장하면서 더욱 완성시켜 간다. 그 밖의 부족들은 남성들도 하고 있다. 산타크루즈 제도의 주민들은 위에 언급한 상흔 외에 얼굴이나 가슴, 등에 자문신을 한다.

뉴헤브리디스 제도의 토인은 이마나 볼에 기하학적 무늬나 동물 무늬의 문신을 시술한다. 이와 마찬가지로 남부에서도 장식적인 상흔이 주류를 이룬다.

뉴칼레도니아섬[島] 에서는 특히 여성이 청색이나 흑색의 선(線)으로 얼굴, 팔, 가슴에 시술한다. 폴리네시아의 주민들은 문신을 매우 소중히 여기며, 사모아 제도에서는 남녀가 모두 문신을 하는데, 남성은 사춘기에 시작하여 5번이나 문신을 계속한다.

④ 뉴질랜드

마오리족 추장, 1910년경

뉴질랜드의 마오리족(族)은 굉장히 복잡한 남성의 문신으로 유명해서, 높은 지위에 있는 인물은 원래 얼굴 전체를 곡선이나 직선, 당초(唐草)무늬나 와상선(渦狀線)으로 빈틈없이 장식했지만, 오늘날에는 이런 풍습이 완전히 없어졌다. 통가 제도의 여성들은 손에만 간단히 시술하는 데 그치고 있으나, 남성은 배꼽에서 넓적다리까지 다양한 무늬로 뒤덮는다.

타히티 · 투아모투 · 마르케이사스 · 쿡 등 여러 섬의 주민은 문신을 널리 이용하는데, 특히 마르케이사스 군도의 사람들은 눈꺼풀 · 입술 · 치경(齒莖) · 두개(頭蓋)의 피부에까지 시술하여 세계에서도 문신을 가장 많이 하는 종족으로 유명하다. 여러 번 수 없이 되풀이 되는 시술은 30년쯤 걸려서 완성된다. 미크로네시아의 여러 섬들 중 캐롤라인 제도에서는 문신 풍습이 거의 자취를 감추었으나, 마가모그섬[島] 사람들은 신체의 외부 전체에 시술한다.

팔라우 제도에서는 결혼한 젊은이의 치부(恥部)에 삼각형의 무늬를 시술한다. 마셜 제도의 주민들은 가슴이나 몸통 앞 부분에 예술적인 문신을 했지만, 턱과 얼굴을 장식하는 것은 추장만이 가능하다.

마르케사스 군도의 문신

⑤ 켈트 족

기원전 1200년-700년경의 시기에 서유럽을 횡단한 켈트 족은 기원전 400년경 영국 제도에 도달하였으며, 현재까지 이어져오고 있는 그들의 문화는 대부분 현재의 아일랜드, 웨일스, 스코틀랜드 지역에 존재한다.

켈트 족은 풍부한 바디 아트의 문화를 가지고 있는데, 대청이라는 풀을 이용해 피부에 푸른 색 무늬를 남기는 영구적인 바디 페인팅이 행해졌다. 대체로 나선형 무늬가 보편적이었는데, 한 개나 두 개 혹은 세 개씩도 그려졌다. 켈트 족의 예술 형식을 대표하는 것은 아마도 매듭무늬일 것이다. 여러 개의 선이 복잡한 노끈 모양을 형성하고 그것들이 다시 서로 꼬이면서 매듭을 이루는 이 무늬는 모든 삶의 관련성을 상징화한 것이다.

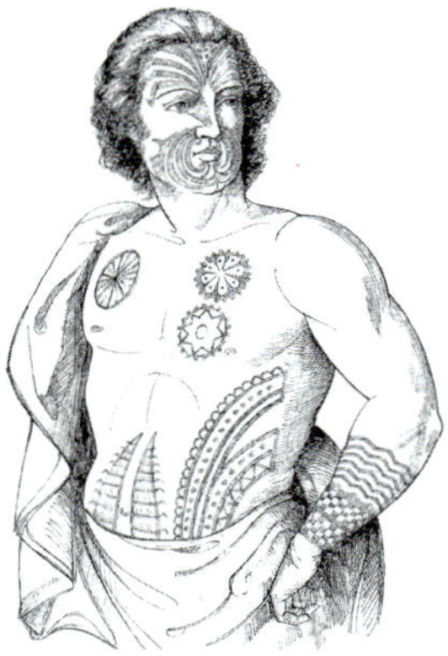
유럽의 문신

또한 초기 미로 문양에서 보였던 발자국이나 열쇠 무늬는 간단한 테두리 장식이나 매우 복잡한 미로형 장식 문양에서도 볼 수 있다. 걸어갈 길이 많은 미로의 의미처럼, 이러한 문양은 인생이라는 여행길에 선택하게 되는 다양한 작은 길들을 상징한다.

⑥ 일본

일본에서 문신이 행해졌다는 가장 오래된 증거는 얼굴 부위에 문신 표시가 그려지거나 새겨져 있는 작은 점토 입상들이다. 이러한 종류의 점토 입상 중 가장 오래된 것은 기원전 3천년 이상 시기의 무덤들에서 발견되었으며, 기원전 3천년과 기원전 2천년 사이의 무덤들에서도 다수가 발견되었다. 이 입상들은 사자(死者)의 저승길에 동행하는 상징적인 의미로 산 사람을 대신해 사용되었으며, 그 얼굴의 문신 표시는 종교적, 마술적 의미를 갖는 것으로 보인다.

일본문신의 종류

일본 내의 문신 관습에 대한 최초의 기록은 기원후 297년에 편찬된 중국 왕조사에서 찾아볼 수 있다. 일본인들이 문신에 가졌던 관심은 대개 마술적 의미가 아닌, 장식적인 특성에 대한 것이었다. 당시 일본의 문신 아티스트들은 호리스(Horis)라 불리는 일종의 장인이었는데, 이들이 보여주는 색채나 원근법, 상상력이 풍부한 디자인은 문신 풍습에 새로운 장을 열어주었다. 즉 고전적인 일본의 문신은 몸 전체를 감싸는 옷과도 같았으며, 일본전통문신의 디자인은 도안에 있어 교과서적인 역할을 하게 된다.

⑦ 인도/태국

인도의 신 하누만(Hanuman)은 팔다리의 강한 힘을 의미하는 대중적인 상징이었다. 이 신화적 원숭이는 오늘날에도 여전히 태국과 미얀마에서 가장 인기 있는 창조물 중 하나로, 수도승들에 의해 신체에 문신으로 새겨짐으로써 마력을 부여하는 의미로 여겨지고 있다. 여성은 수도승과의 접촉이 허용되지 않는 때문에 이러한 문신 행위에서 제외되며, 또한 태국인들은 여성에겐 충분히 강한 힘이 있기 때문에 기운을 돋우는 이 같은 별도의 방법이 필요하지 않다고 여긴다.

⑧ 아프리카

검은 피부로 인해 색깔이 있는 문신을 하는 것이 어려웠던 아프리카에서는 다른 문신 기술을 개발해 왔는데, 몸에 상처를 내는 난절법이 바로 그것이다(이는 정확히 문신은 아니지만, 관련있는 행위이다). 피부를 약간 드러내 칼 등의 날카로운 도구로 베어낸 후 특수한 모래나 재로 문지름으로써, 커진 상처가 몸 위에서 일정한 무늬를 이룰 수 있도록 하는 것이다. 점자처럼 보이기도 하는 이러한 무늬들은 지역의 전통을 따르는 경우도 많았다.

원시시대나 고대사회와는 달리 문명사회에서는 문신이라는 풍습은 자기를 표현하는 의사 표현의 한 양식이며 장식적인 의미가 강하며 개인의 성향에 따라 미적으로 아름답게 행해 진다. 피부에 그려지는 문신은 장식적인 효과 외에 오늘날엔 미용법으로 눈이나 입술에 문신을 하며 여성들에게 매우 일반적으로 퍼져 있다.

3) 트라이벌 문양의 기본

'세 갈래로 갈라짐' 이란 의미를 지니며 동양에서는 당초 문양의 줄기의 뾰족한 가지의 특징을 살려 그려준다. 선에 운동성을 주기위해 날아오르는 듯한 비상감을 느끼게하기 위해 기울기와 방향성이 매우 역동적이다.

(1) 기본 선

(2) 트라이벌 문양의 응용

① 소형 트라이벌

팔이나 어깨 등에 작은 크기로 포인트를 주는 문양

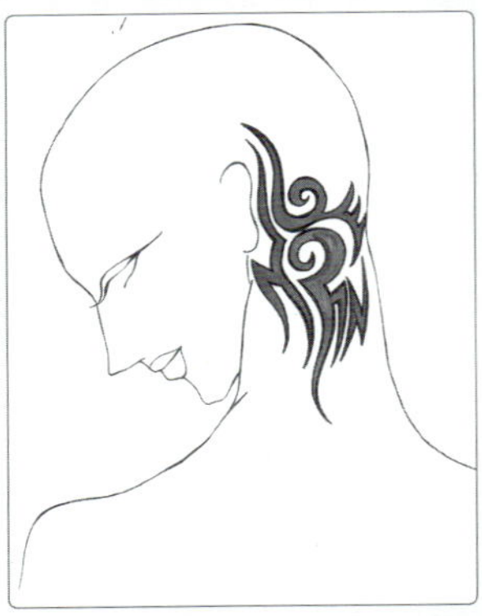

② 라인(띠) 트라이벌

길게 늘어뜨리는 문양으로 넝쿨의 형태로 나타난다. 팔, 허리에 사용된다.

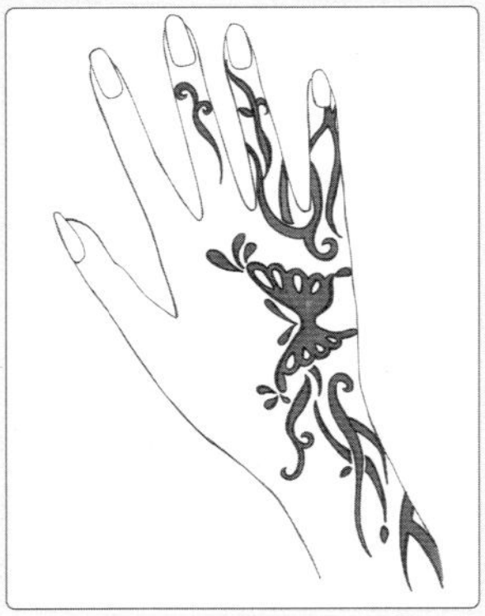

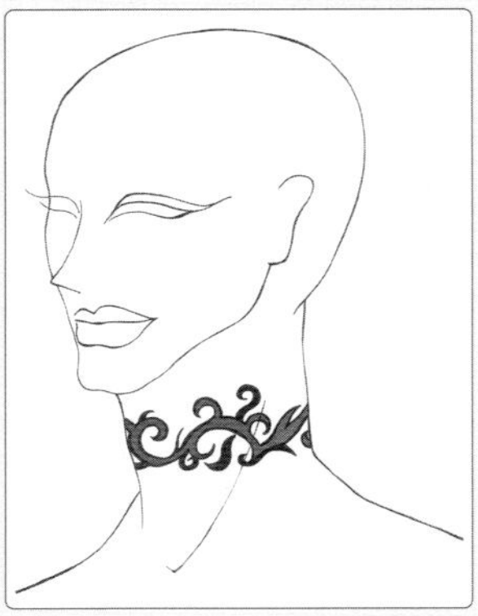

③ 원포인트 트라이벌

동물이나 곤충의 문양으로 디자인된 형태로 상징물이 가진 주술적 의미를 강조하여 매의 빠른 속도와 날카로운 손톱, 호랑이의 용맹성 등을 표현하며 나비나 꽃등을 사용하여 아름다움과 사랑의 맹세등을 상징하기도 한다.

④ 대칭과 비대칭 트라이벌

㉠ 대칭 트라이벌

문양이 대칭을 이루는 디자인으로 수평 · 수직 구도를 이룬다.

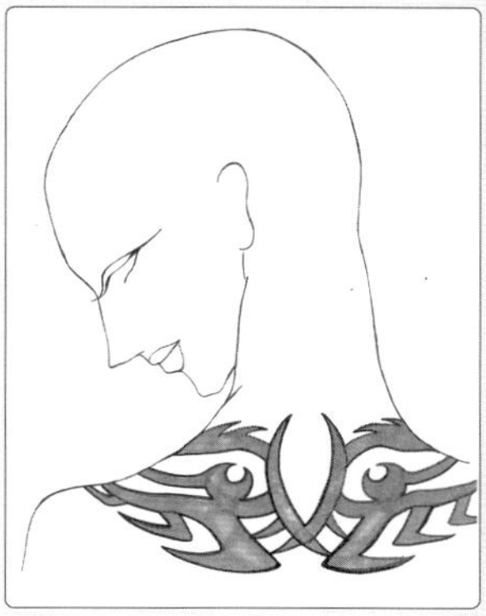

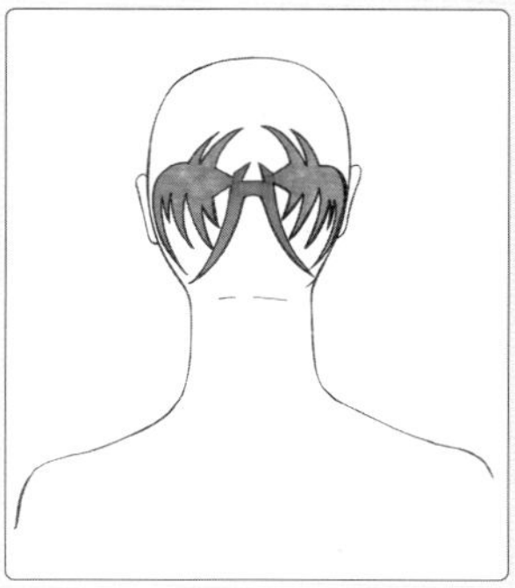

ⓒ 비대칭 트라이벌

사진출처 : 한국헤나 협회

컬러링 타투를 사용하여 문신처럼 트라이벌 문양을 표현한 작품

SECTION 3

창작 디자인

1) 헤나 디자인

헤나 디자인을 하기 위해선 헤나 문양에 담긴 상징적 의미와 또한 문양을 시각적으로 표현해야 하며 새롭게 현대적으로 디자인 하여야 한다. 헤나 아트를 하기위해선 구성의 원리를 이해하여 조형의 구성요소로 점, 선, 면 형태의 특성을 살려 객관적인 아름다움을 지닌 디자인을 하여야 한다.

디자인의 원리에는 디자인 요소들을 체계적으로 활용함으로서 조화를 이루는 방법으로 균형(balance), 비례(proportion), 통일(unity), 리듬(rhythm), 강조(emphasis), 착시(optical illusion) 등이 있다.

디자인은 독자성과 조화성이 아름답게 연출되어야 하며 헤나 디자인은 평면적 구성요소인 점, 선, 면 형태를 요소간의 결합과 대비, 대조 등을 통해 구성하고자 한다.

(1) 점 point

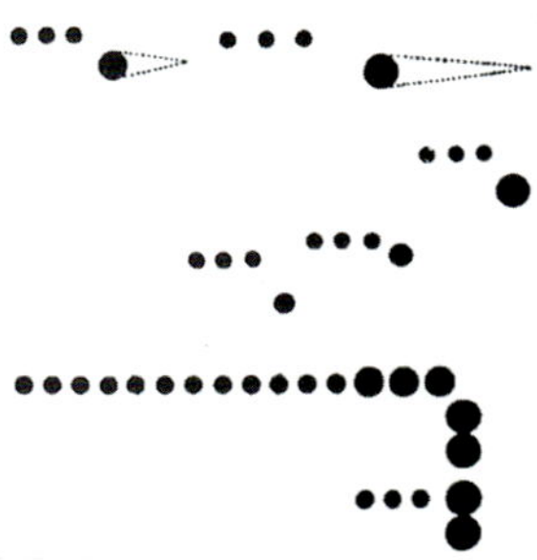

조형의 가장 기본 구성 요소인 점은 일반적으로 단순한 시각적 요소로서 면적이 없이 위치만을 표시하는 것이라 정의 할 수 있다. 유클리드Euclid 기하학은, "점은 무수히 미세하며, 치수(크기)가 없다"라고 정의 하고 있다.

기하학에서 점은 눈에 보이지 않는 본질로서 비물질적인 속성을 가지고 있다. 이러한 관점에서 본다면 점은 물질적인 속성을 가지고 있다. 이러한 관점에서 본다면 점은 물질적인 속성이 거의 없는 'O(zero)' 과 같은 상태라고 볼 수 있다. 기하학에서 점은 최고의 간결함으로 나타나며, 마치 거의 존재하지 않은 것과 같은, 최소한의 존재로서 존재한다.

칸딘스키에 따르면 점은 한 존재에서 다른 존재에 이르는 교량(긍정적인 요소) 역할을 한다. 이것은 문장에서 점이 지니는 내적인 의미이다. 점의 가장 일반적인 형태는 원형이며, 이차원적 평면이나 삼차원의 공간에 위치하는 가장 작은 표시(mark) 이다. 외적으로 볼 때 점은 최소의 기본 형태라고 표시 될 수 있지만 '최소의 형태' 가 어떤 것이라고 정확하게 한계 짓는 것은 매우 어려운 일이다. 점이 면으로 변할 수도 있고 눈에 띄지 않게 전체 기초 평면을 덮을 수도 있다.

그럼에도 불구하고 우리는 '점' 을 생각할 수 있는 가장 작고 둥근 형태의 작은 원으로 인식한다.

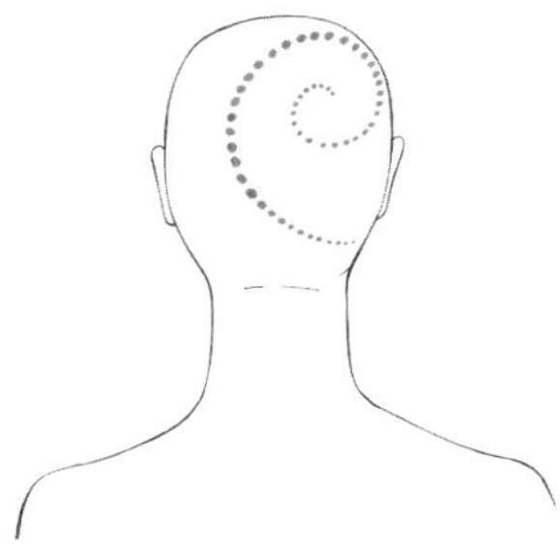

점을 연속해서 표시하면 선을 형성하며, 이 선은 시각적으로 방향성을 나타내고 마치 움직이는 듯한 착시 현상을 나타낸다. 점은 장소나 위치를 암시하는 오직 하나의 특성만을 갖는다. 선은 점이 본래의 위치에서 다른 곳으로 움직임에 따라 생성되는데, 이는 개념상으로 점은 어떤 넓이나 깊이를 가지고 있지 않기 때문이다.

점의 면화 서로 교차하여 이차원과 삼차원의 형태로 만들어진 점은 공간에서 시각적인 표현성을 나타내며 헤나아트에서는 점의 특성을 파악하여 피부의 명암, 부피, 깊이의 착시 현상을 나타냄으로써 이차원과 삼차원의 형태를 표현한다.

(2) 선 line

두 개의 점이 연결되어 만들어진 형태인 선은 서로 연결되면 모든 형태를 만들 수 있으며, 형태를 표현하고 창조하는 데 필수적인 조형 요소의 역할을 한다. 점이 공간에서 위치와 방향만을 표시한다면 선은 위치, 방향, 길이를 가지며, 넓이는 없다.

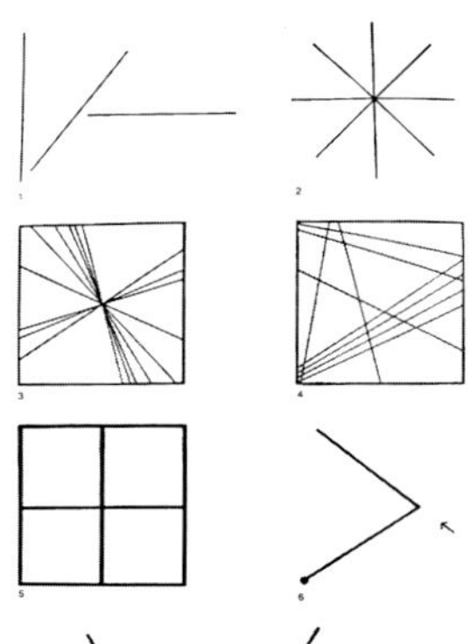

세 점을 서로 연결하면 삼각형이 되고, 네 점을 연결하면 사각형이 되는 것과 같이 우리 주변에서 볼 수 있는 건물, 사람, 별, 꽃, 동물 등의 모든 형체는 선으로 표현할 수 있다.

"기하학적으로 생각할 때 선은 눈에 보이지 않는 본질이다. 이것은 점이 움직여 나간 흔적, 점이 만들어낸 소산이다. 선은 점의 움직임에서 생겨난다.

즉 정적인 것이 역동적인 것으로 비약한다.

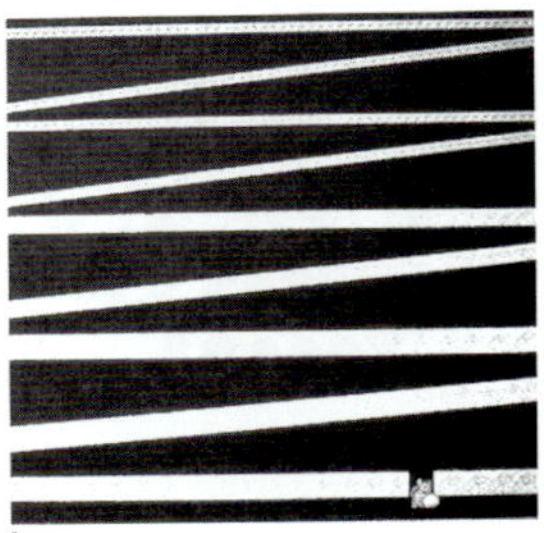

고대 원시인들이 벽화를 그리거나 의사 소통을 위해 사용했던 최초의 매체가 선이었으며, 선은 시각적인 소통을 위한 가장 기본적인 조형 요소이다. 이와 같이 구체적인 형이나 형태, 물체, 구조물 등으로 표현되는 가시적인 선은 의미와 상징성을 가진 메시지를 전달할 수 있다. 화가, 건축가, 디자이너들은 선을 이용해 사고나 개념, 다양한 정보 등을 시각언어로 표현한다. 선은 외부로부터 가해지는 여러 가지 힘에 의해 매우 다양한 형태를 지닌다. 특히 직선은 무한한 움직임의 가능성을 지닌 가장 간결한 형태이다. 직선은 수평선, 수직선, 대각선으로 분류할 수 있다.

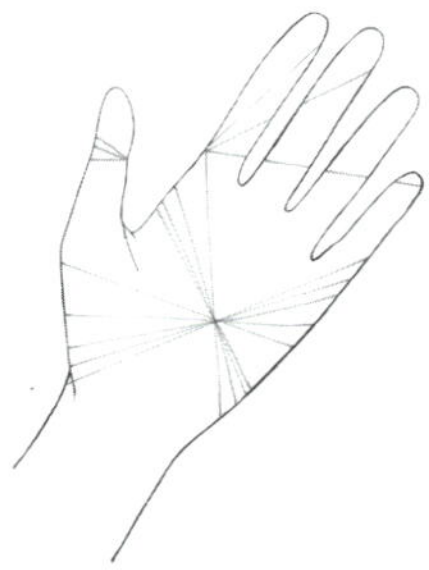

선의 개념은 무엇인가. 영원히 이어짐을 의미하기도 하고, 표현적인 하나의 선은 방향(direction) 방위, 방향성(orientation), 운동감 등의 에너지를 갖는다. 운동의 효과는 형의 연속에 의해서 얻어지고, 형의 연속 형태는 가늘고, 날카롭고, 때로는 집합적으로 한 개의 방향을 가진다. 다시 말하면, '하나의 선' 은 움직임에 의해 만들어지는 하나의 방향성을 표현한 흔적이다.

기하학에서 선이 점과 점을 잇는 공간 측정의 수단을 의미한다면 디자인에서의 선은 감정, 표정을 가진 조형 요소를 의미한다. 그러므로 선 그 자체로 다양한 느낌을 표현할 수 있다. 예를 들면 직선은 남성적 느낌, 침묵, 혹은 곧음을 의미한다면 곡선은 여성적인 이미지와 무한함과 자유로움을 연상시킨다. 또한 가로선이 퍼져나가는 넓이와 분열을 의미한다면, 세로선은 높이와 강함을 의미한다. 반 곡선은 웃음을 연상시키고, 지그재그 선은 불편함, 시끄러움, 쓴맛 등을 표현할 때 사용된다. 그러므로 시각적 표현을 할 때 선의 실루엣만으로 다양한 작업을 할 수 있으며 디자인 요소인 균형, 비례, 통일, 리듬, 강조, 착시현상등을 표현 할 수 있다. 이처럼 선의 표현 가능성은 무한하다고 할 수 있다.

헤나 아트에서도 콘을 이용해 그리면서 그 디자인과 형태를 선을 통해 표현한다. 이처럼 헤나아트에서 선은 시각적 표현의 다양한 조형요소들 중에서 디자인에 가장 결정적인 역할을 담당한다고 할 수 있다. 선은 글씨와 소묘에서 누구나 경험하기 때문에 우리에게 매우 친근하며 선의 표현 가능성은 매우 다양하지만 그 자체는 결코 모호하지 않다. 선은 관찰자의 눈을 이끌어 그 선이 가지는 표현성, 즉 감정을 전달하는 표현의 매체로서 사물의 의미를 확실히 전달해 준다. 형(form)은 선의 연장이라고 볼 수 있다. 그래서 형은 선이 가지는 지각의 일차적인 힘을 그대로 가진다. 즉 시지각(visual perception)에서, 색이나 질감보다 훨씬 직감적이고 우선적인 힘을 가진다.

(3) 면 plane

점이나 선으로 간주되지 않는 모든 평면의 형태는 면으로, 어떠한 형태의 외곽, 즉 실루엣을 나타낸다. 헤나 아트에서도 형의 외곽선이 형태를 만들어주고 그 만들어진 형태의 전체 용적은, 곧 면이 되는 것이다. 개념적으로 면은 일정한 형태가 없으며 이차원의 공간에서 면적을 표현해 주고, 유클리드 기하학에서는 이차원에 펼쳐진 무한히 넓은 영역으로서 삼차원의 형태가 없는 것으로 정의되어 있다. 그러나 헤나 디자인에서 면은 형태를 생성하는 요소로서, 형태는 면과 같은 의미를 지니며 일반적으로 기초 평면은 두 개의 수평선과 두 개의 수직선에 의하여 한정되며 주위 공간에서 독립된 존재로 구획된다. 일반적인 기초 평면 작업에서 가장 객관적인 형은 정사각형이며, 그것은 단순히 실루엣으로 그려졌거나 색을 칠했던 간에 배경과 구별되며 하나의 윤곽선만을 갖는다. 한국어로 우리는 형, 형태를 지칭할 때 평면적인 형태나 입체적인 형태를 뚜렷이 구별하지 않고 보편적인 의미로 사용한다. 그러나 영어에서는 평면의 꼴이나 형태를 'shape'라 한다면, 입체적인 형, 형태를 'form' 또는 'forme'이라고 한다. 일반적으로 shape는 물체의 평면상의 윤곽선이나 입체형의 외곽선에 나타나는 평면적인 면, 또는 실루엣silhouette 등을 지칭한다.

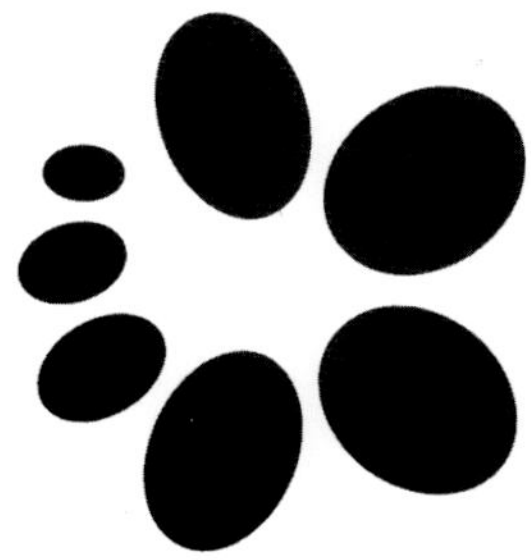

미술, 건축, 그리고 디자인에서 면은 형태를 생성하는 요소로서 중요하다. 삼차원적인 형태를 만들며, 부피를 갖는 형태를 형성하는 표면으로, 이차원적 구성에서도 사용되기 때문이다. 또한 면은 점과 선처럼 명암과 질감을 가지는 이미지를 만드는데 이용될 수 있다. 면 구성은 분리된 면들에 서로 다른 명암이나 색채를 가진 표면을 묘사하여 만든다. 현대 디자인의 많은 기초 작업은 결국 평면에 실루엣 묘사를 잘하는 것이라 할 수 있다.

(4) 형 form

형태는 비가시적인 것이 아니라, 우리 눈에 보일 때 비로소 형성되는 것이다. 종이 위에 그린 하나의 점이 아무리 작다고 할지라도 그것이 시각적으로 인지된다면 그곳에는 형태, 크기, 색채, 질감 등이 존재한다. 눈에 보이는 점, 선, 면 등은 흔히 단순히 조형의 구성 요소로 인식되지만, 그것은 진정한 의미에서 형태를 가진다.

평면 디자인에서 우리가 흔히 말하는 형은 삼차원 공간을 가진 형태가 아니라 실제로는 이차원의 평면적인 형태이다. 형, 형태를 영어로 'form' 'forme' 으로 번역할 수 있지만 엄밀하게는 영어 단어의 shape를 지칭한다. 그러나 헤나아트에서 평면의 이러한 형태도 선과 선이 서로 연결되어 만들어진 면으로 구성되며, 공간과 질감을 갖고 있다. 이러한 형을 우리는 실루엣을 강조하는 측면에서 형체라고 할 수 있다. 형체는 자연적 형체, 기하학적 형체와 그래픽 형체 등으로 분류될 수 있다. 헤나 디자인에서도 색과 면을 살린 창작 디자인에서는 이러한 형태를 살린 디자인을 접할 수 있다.

점으로서의 형태는 조형의 가장 작은 구성 요소이지만 하나의 형태로 인식된다. 거의 대부분 점의 모양을 단순하고, 둥근 형태로 인식하지만, 점은 삼각형, 사각형, 타원형 또는 불규칙한 모양일 수도 있다. 그럼에도 불구하고 점은 일반적으로 비교적 작고 단순한 형태로 간주된다.

선으로서의 형태와 면으로서의 형태 선은 일반적으로 가느다란 느낌을 전달하며, '가늘다' 는 의미는 '두껍다' 는 의미와 상대적인 것이다. 형태를 지칭할 때 '작다-크다' '가늘다-넓다' 라는 것은 어디까지나 상대적인 의미이지 절대적인 의미가 아니다. 길이와 넓이의 극단적인 비례가 선을 형성하나 절대적 가치가 존재하지 않는다. 평면적인 형체의 표현에는 이차원의 형체와 삼차원의 형체가 있는데, 이차원 형체가 높이와 넓이만을 갖는 평면적인 그림을 의미한다면 삼차원 형체는 여기에 길이가 더해진 입체적인 느낌을 준다. 선으로의 형태는 이차원의 형체에 해당한다. 여기에서 입체적인 느낌은 실제의 형태는 이차원이나 시각적인 착시에 의해서 우리 눈에 삼차원으로 인식되는 것이다. 이차원의 공간상에서 점이나 선으로서 간주되지 않는 모든 형태는 평면의 형태이다. 평면 형태는 형의 가장자리를 나타내는 개념적 선이며 면으로서의 형태를 나타낸다.

2) 컬러링 타투

인체의 피부위에 직접 타투를 하게되면 영구적이기 때문에 디자인을 바꾸거나 지우는 것이 매우 어렵다. 하지만 컬러링 타투는 타투의 느낌은 그대로 살려주며 패션의 개념으로 원하는 문양과 디자인을 할 수 있으며 여러가지의 색상이 있어 함께 섞어 자유롭게 색을 만드는 것도 가능하다. 알콜을 사용하여 바로 지워내는 것도 가능하므로 사용이 매우 용이하다.

물이나 땀에 쉽게 지워지지 않으며 1주일 정도 지속력을 가진다. 또한 컬러링 타투는 헤나와는 달리 모든 색상이 가능하다.

컬러링 타투는 바디아트에서 사용하는 수성용 물감과는 다른 재료를 사용하며 팍스코리아의 헤나아트 티나리 원장이 국내에 처음 도입하여 전파시킨 스킨아트 기술로 헤나에 비해 화려하고 사용이 간편하다.

칼라링 기법 : 영구 문신의 이미지를 그대로 표현할 수 있으며 화려한 색상을 함께 사용할 수 있다. 블랙헤나의 대체용으로 적합하며 알코올에 반응하므로 수성과 달리 땀이나 물에 강하다. 타투의 이미지가 나도록 그려 준 후 투명 파우더로 전체적으로 눌러주어 유분기를 제거하여 주면 더욱 오래 보존할 수 있다.

샤이닝 기법 : 미세한 메탈릭 펄 파우더를 이용하여 은은한 펄 느낌으로 신비롭고 아름답게 디자인, 연출할 수 있다. 컬러링 타투와 마찬가지로 펄 또한 색상이 자유롭다.

흰색을 사용하면 웨딩의 이미지를 연출 할 수 있다.
출처 : 한국헤나 협회

준비물
컬러링 타투 잉크 - 디자인에 따라 색상을 선택
형광 글리터, 별색 글리터, 샤이닝 파우더, 투명 파우더, 브러쉬 3종 - 가는 세필 포함
바디글루1, 전사액1, 알코올1, 도안패키지, 파렛트1, 킷트박스

(1) 레인보우 타투

다양한 색상의 글리터를 사용하여 일시적인 문신인 헤나를 화려하게 장식하는 것으로 그 입자가 매우 미세하다.

타투와 바디아트의 혼합으로 다양한 색상과 화려한 아름다움으로 인해 의상과 잘 코디하여 주면 색다르게 연출할 수 있다. 7~10일 정도의 지속력을 가지며 화려한 글리터에 보석이나 크리스탈 장식과 헤나아트와 컬러링 타투 등을 함께 디자인하여 제안할 수 있다.

준비물
레인보우 타투 글리터- 원하는색상으로 별색 글리터, 브러쉬 기본 3종, 바디글루1, 전사액1, 도안 패키지(디자인에 따라) 킷트박스

봉 황

봉황은 머리위에는 아름다운 깃털관이 있고 몸에는 오색 찬란한 털이 덮여 있다고 전해지는 상상의 영물로 본 작품은 봉황의 의미를 살릴 수 있도록 화려한 색채와 레인보우 타투를 사용하여 새들의 왕인 봉황의 상징인 권력과 존엄성을 표현하였다.

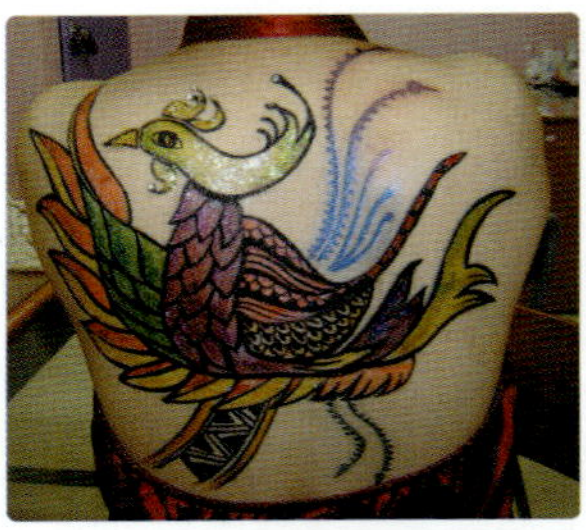

컬러링 타투 후 레인보우 타투 글리터로 작업

크리스탈 보석 장식을 사용하여 더욱 화려하게 연출하였다.

출처 : 한국헤나 협회
본 저자가 강사 인증 시험시 컬러링 타투(2교시) 작품을 위해 작품을 디자인하고 모델에 직접 시현한 작품

① 레인보우 타투를 하기전 컬러링 타투를 이용하여 밑그림을 그린다. 밑그림을 그릴때엔 직접 그리거나 도안패키지를 사용할 수도 있다. 이처럼 작은 디자인은 패션 아이템으로 코디하여 의상색이나 문양에 맞추어 연출할 수 있다.

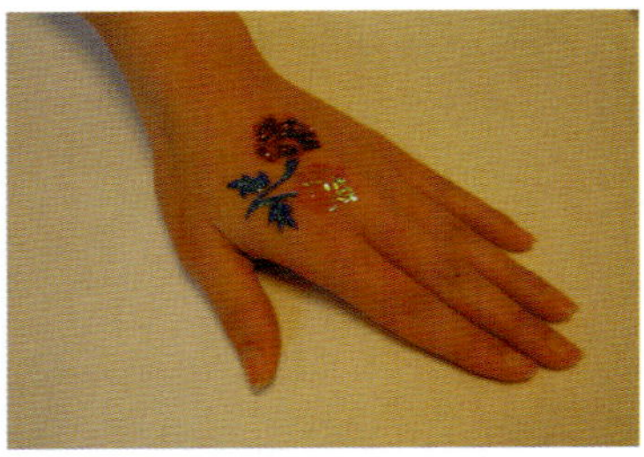

② 컬러링 타투위에 다양한 색상의 글리터를 사용하여 장식한다. 글리터를 붙일때는 인체에 무해한 바디글루를 사용해야하며 그래야 글리터를 오래 유지시킬 수 있다.

(2) 컬러링 타투 그리는 과정

컬러링 타투의 가장 기본적인 준비물

① 컬러링 타투로 헤나처럼 연출하는 것이 가능하다. 컬러링 타투는 물이 아닌 알코올에 반응하므로 색을 섞어 원하는 색상으로 붓을 이용하여 문양을 그려준다.

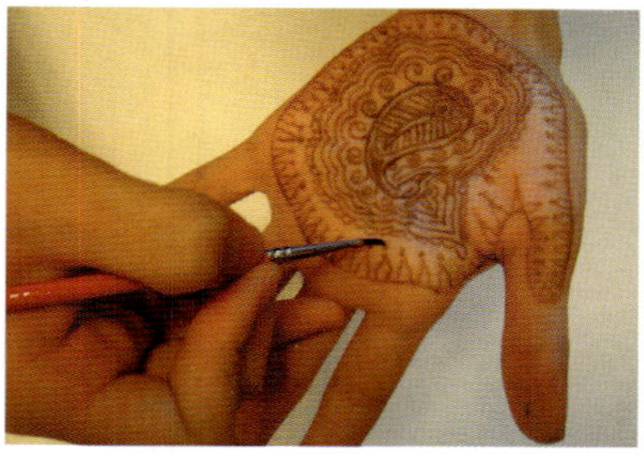

② 가는 세필을 이용하여 헤나처럼 섬세하게 문양을 손바닥에 그려준다. 문양이 마음에 들지 않으면 알코올로 지우고 바로 다시 그릴 수 있는 장점이 있다.

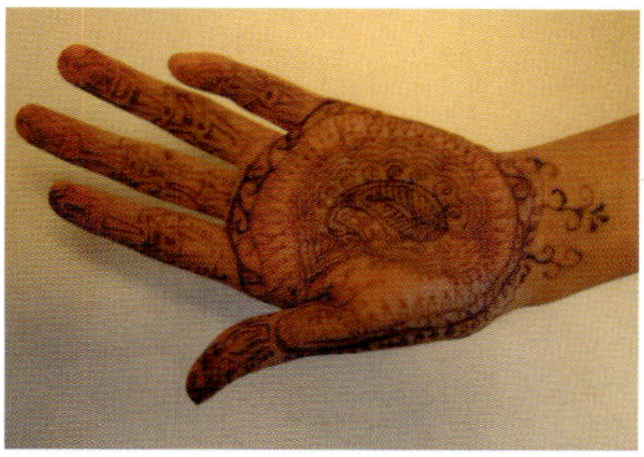

③ 손바닥에 문양을 연출한 모습으로 시각적으로 헤나처럼 보인다. 컬러링 타투는 영구문신이 아니며 일시적인 문신으로 10일 정도 유지할 수 있다. 수용성과 달리 땀이나 물에 강하지만 점차 벗겨져 형태가 아름답지 못하면 알코올로 깨끗이 닦아내면 된다.

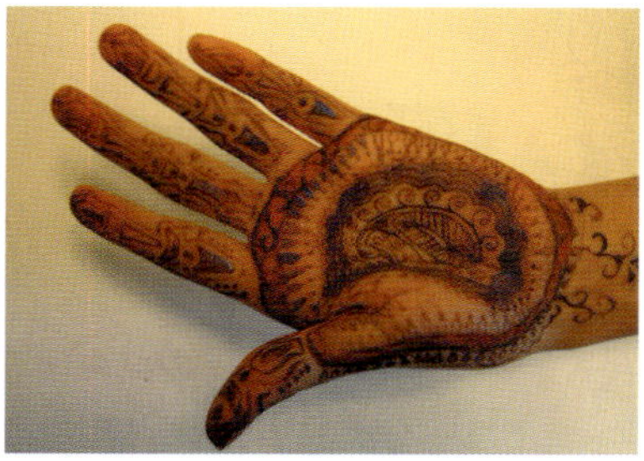

④ 좀 더 아름답게 시각적으로 연출하기 위해 컬러링 타투의 컬러를 사용하여 부분적으로 색을 넣어주었다.

이처럼 헤나보다 컬러링 타투는 좀 더 다양하게 연출할 수 있으며 콘이 아닌 붓을 사용하므로 좀 더 친근하게 다가설 수 있는 정점이 있다. 이 위에 레인보우 타투로 화려하게 장식하는 것도 가능하다.

(3) 컬러링 타투를 응용한 헤나 디자인

① 나비와 장식선들을 사용한 디자인

② 망고와 넝쿨을 사용한 디자인

③ 꽃과 넝쿨을 사용한 디자인

④ **여러 장식선들을 복합적으로 사용**(화려한 색채로 컬러링 타투를 표현 - 헤나에서는 느낄 수 없는 색채의 조화를 고려하여 디자인 하여야 한다.)

3) 헤나와 패션

Fashion은 현대 사회에서 그 가치를 가늠하기가 어려울 정도로 광범위한 영역으로 확대 되어져 가고 있으며 또한 그것을 전개시켜 나아가는 방법에서도 다양한 표현 형식들을 끌어들여 그 영역을 확대, 세분화 하고 있다.

Fashion은 조형의 원리에서 시작되며 그것에서 창출된 조형물들이 때에 따라 작가의 내면의 세계를 표출시키는 Art로서의 영역까지도 그 창작의 범위를 넓혀 나아가고 있으며 그러한 표현성을 통해 조형적 미적 가치를 창출해 나아간다.

Fashion은 우리들의 생활 속에서 인간의 생활과 함께하는 유일한 조형형식으로 개성을 중요시 하는 현대인들에게 물질적, 정신적인 욕구를 채워줄 수 있는 가장 좋은 수단이며 방법으로 Henna 와 Fashion의 조형예술의 새로운 만남은 인체를 통한 조형예술 분야를 창출하므로 우리들과 가까이에서 함께 호흡 할 수 있는 다양하고 새로운 예술의 정신적인 가치를 공유하며 그 속에서 미적가치를 체험 할 수 있다.

이러한 조형성을 강조한 Fashion Art는 인체와 만나지는 여러 물질들 속에서 조형의 질서와 색채의 나열 그리고 형태들의 조립을 통해 미적인 감성을 돌출시키며 새로운 자기만의 표현 형식들을 만들어 조형 예술로 형성 시켜 나아간다. 헤나와 결합하여 인체뿐만 아니라 의상에도 헤나의 패턴을 결합하여 두가지의 분야를 새롭게 적용할 수 있으며 현재 유행테마인 하이브리드(Hybride)적인 성향으로 작품을 창작할 수 있다.

이렇게 새로운 시도로 전개시킨 작품들이 기능성을 갖게 되면 부가가치가 높은 미적가치를 창출시켜 Fashion산업으로 이어지게 되며 우리가 필요로 하는 생활의 도구적인 가치를 갖게 되는 자기표현의 수단으로 이어 지게 된다. 정신적 감성을 공유 시키며 그러한 관계 속에서 문화적인 가치를 향유 시키고 정신적인 미감의 욕구를 채워 줄 수 있는 것이다.

(1) 캐주얼

헤나의 문양을 과감하게 디자인한 작품으로 헤나의 기본 색상으로 디자인하였지만 강한 이미지를 준다.

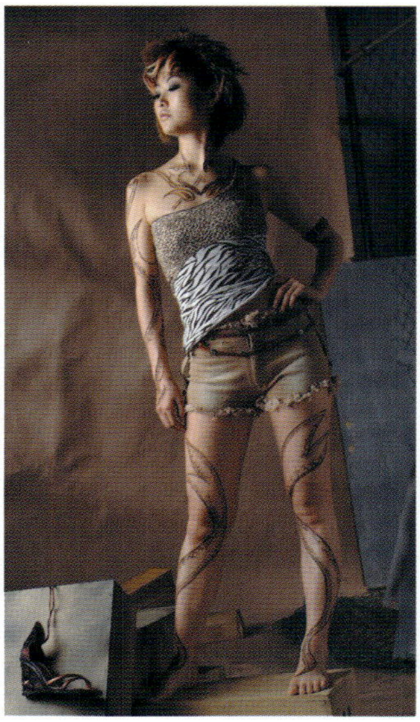

(2) 한국적 이미지의 헤나

① 한국적 이미지를 살리기 위해 한국 문양을 사용하여 디자인하였다. 헤나의 기본색상이 한국적 색채와 조화롭게 보여진다.

② 컬러링 타투와 레인보우를 사용하여 한국의 대표적인 상징물인 매화와 봉황을 표현하였다. 화려한 색채가 돋보이며 한국민화를 바탕으로 디자인하였다.

(3) 전통적 이미지의 헤나

인도의 전통적인 헤나를 현대적 감각에 맞게 다시 재구성한 작품으로 문양의 크기를 크고 과감하게 디자인 하였다.

(4) 웨딩 디자인

컬러링 타투 위에 펄과 크리스탈 스톤 등을 사용하면 반짝이기 때문에 더욱 아름답고 화려한 신부로 연출 할 수 있다. 백색과 핑크색 등 열은 파스텔 등을 함께 사용하면 더욱 사랑스런 이미지를 만들어 낼 수 있다.

(5) 창작 디자인

헤나 문양을 직접 옷에 프린트하여 좀 더 과감하게 연출해 보았다. 직접 몸에 헤나를 그린 것은 아니지만 스판원단을 사용하여 바디라인을 그대로 살려주었으며 인체의 피부위에도 헤나를 그려 좀 더 극적인 효과를 주었다.

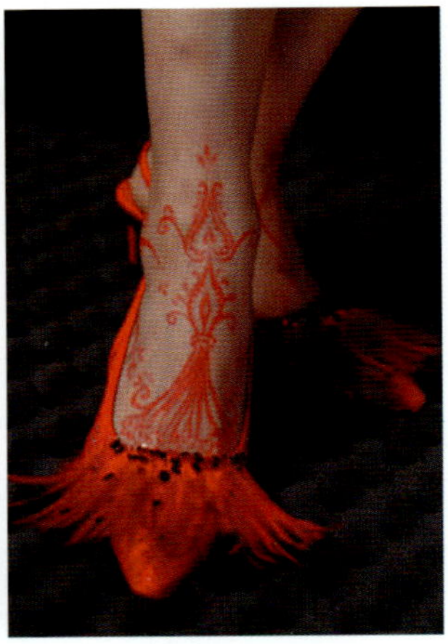

인체와 제2의 피부인 의상, 악세사리가 모두 하나의 컨셉으로 디자인 될 수 있도록 디자인 하였으며 의상에도 헤나가 아름답게 연출될 수 있음을 보여준 창의적인 작품으로 시도해 보았다.

TIP! 사진에 사용된 재료는 컬러링 타투와 바디페인트용 수성용 물감을 사용하였다. 사진촬영용으로 피부에 자극을 적게 주고 쉽게 지우기 위해 사용한 것으로 외관상으로는 비슷한 효과를 주지만 수성용 물감은 물이나 땀에 쉽게 지워져 컬러링 타투처럼 지속력을 가지지 못한다.

사진출처 : 한국헤나 협회

부록

헤나 예상 문제

※ 현재 헤나 자격증을 따기 위해선 한국헤나협회에서 주관하는 시험을 통과 하여야 하며 헤나 이론과 관련된 예상 문제는 다음과 같다.
출처 : 한국헤나협회

1. 헤나의 식물학명은?

① Lawsonia inermis
② Melaleuea viridiflora
③ Lavendula officinails
④ Rosa damascene

2. 헤나의 기원으로 맞지 않는 것은?

① 약 5천년 된 이집트의 미이라의 손에서 발견되었었다.
② 알래스카의 인디언들이 주로 하였다.
③ 클레오파트라가 피부 및 의복의 상태를 좋게 하고 장식으로도 애용하였다.
④ 이슬람교의 전파에 종교적으로 사용되었다.

3. 헤나는 전통적으로 여성에 의해 행해져 온 예술이다. 헤나의 또 다른 형태의 언어로 표현되기 도한 의미로 적합하지 않은 것은?

① 가정의 행복/가족의 보호
② 신에게 바칠 제물에 장식
③ 축복, 보호, 재계
④ 위협의 수단

4. 전 세계에서 다양하게 쓰여지는 헤나의 명칭으로 적합하지 않은 것은?

① 멘디(mehndi)
② 히나(hina)
③ 빈디(bindi)
④ 메헌디(mehendi)

5. 헤나가 주로 많이 재배되는 지역은?

① 고온 건조한 인도, 북아프리카, 중동
② 영국, 프랑스
③ 일본, 한국, 인도네시아
④ 캐나다, 러시아

6. 인도나 북아프리카에서 헤나가 쓰여지는 효능에 대해 맞지 않는 것은?

① 헤나식물의 껍질을 황달, 비장확대, 그리고 다양한 피부병 치료에 사용하였다.
② 속이 더부룩하거나 매스꺼울 때 소화제로 사용되었다.
③ 머리칼의 손상을 막는다.
④ 땀나는 것을 억제해 탈취제로 사용되기도 한다.

7. 헤나의 용도로 적합한 것은?

① 가죽과 비단을 염색하거나 피부의 장식을 하고자 할 때
② 건조한 피부에 보습을 주고자 할 때
③ 공기가 탁할 때 방향제 역할
④ 소화의 작용을 원할 때

8. 헤나가 자라기에 적합한 기후 조건은?

① 툰트라, 빙설의 한대 기후
② 냉대기후
③ 고온 건조한 열대 기후
④ 온대기후

9. 헤나에 함유되어 있는 로손 성분의 기능으로 옳지 않은 것은?

① 항균작용으로부터 두피의 부스럼을 방지해 준다.
② 소화흡수에 도움을 준다.
③ 방부제와 수렴제의 기능이 있다.
④ 손상된 모발을 건강하고 탄력 있게 가꾸어 준다.

10. 헤나를 피부에 장식하는 것 이외의 사용법은?

① 상처부위의 보호
② 헤어트리트먼트
③ 허리 마시지
④ 발마사지

11. 다음 헤나의 재배지역이 아닌 것은?

① 파키스탄　② 네덜란드
③ 인도　④ 이집트

12. 다음 중 헤나의 명칭으로 불려지지 않는 것은?

① lawsonia inermis
② hina
③ mehndi
④ henais

13. 다음 중 헤나의 가장 좋은 재배 시기는?

① 10~11월경
② 3~4월경
③ 5~6월경
④ 사계절 수확해도 최상급의 헤나를 만들 수 있다.

14. 인도지역 등 헤나의 민간요법활용의 예로 틀린 것은?

① 수술자국을 없애주는 용도로 쓴다.
② 피부보호에 효과적이라고 믿고 쓰이기도 한다.
③ 가벼운 화상 시 열을 빼는 용도로 사용하기도 한다.
④ 헤어 컨디셔닝에 효과적이다.

15. 헤나의 기원년도를 추정하는 자료로 맞는 것은?

① 마호메드가 턱수염 염색을 위해 사용한 것이 헤나의 시초이다.
② 락슈미가 헤어컨디셔닝과 피부의 상태를 좋게 하기위해 사용했다.
③ 약 5000년 된 이집트의 미이라의 손에서 발견된 것이 시초라고 추정된다.
④ 헤나의 기원년도를 추정할 근거자료는 기독교 십계명에 나와있다.

16. 헤나를 이용해 피부에 장식하는 목적과 의미로 가장 적합한 것은?

① 아름다움을 추구하고 의미 있는 문양 등으로 행복과 평화 용맹을 기원하는 신앙적 의미와 예술적 감성의 승화
② 몽고에서는 장례식에서 영혼 불멸의 의미로 반드시 행해지고 있다.
③ 유럽에서는 장식되어진 문양으로만 지위와 신분을 구별하기도 했다.
④ 상처를 가리기 위한 용도로만 사용되었다.

17. 인도나 파키스탄등 헤나문화권에서 아직도 헤나를 이용하여 이어져 내려오고 있는 대표적인 풍습은?

① 장례식
② 결혼식
③ 전쟁 시
④ 아이가 사망했을 때

18. 헤나의 기원 중 피부 및 머리칼의 상태를 좋게 하고 장식하기위해서 헤나를 애용하고 오일을 향유로 사용했다는 기록이 남아있는 인물은?

① 클레오파트라　② 시바
③ 네로　④ 양귀비

19. 헤나란?

① 피부 진피층까지 물을 들여 오랫동안 피부에 착색 시켜내는 행위.
② 식물의 이름이며 분말로 만들어 반죽을 한 뒤 피부에 얹어 색을 내는 행위를 포함하는 명칭.
③ 한의학에서 치료제로 사용 중이며 치료의 용도로만 몸에 착색시키는 행위.
④ 식물의 이름이나 실질적으로는 줄기만 사용하기 때문에 멘디라고도 한다.

20. 내추럴 헤나의 색상은?

① 오렌지색 혹은 짙은 고동색
② 빨강색
③ 초록색
④ 블랙

21. 헤나 반죽 시 필요한 도구가 아닌 것은?

① 블랙잉크
② 유칼립투스오일
③ 고무볼
④ 레몬즙

22. 반죽 시 첨가하는 에센셜 오일에 대한 효과로 맞는 것은?

① 피부를 활성화하고 헤나 반죽이 빨리 마르는 것을 방지하며 착색을 도와준다.
② 헤나 반죽 시 넣지 않으면 색상이 나오지 않는다.
③ 에센스 오일은 헤나 반죽 시 꼭 넣어야 색상이 황금색으로 변한다.
④ 에센스 오일은 피부에 직접 사용하면 색상이 나타나지 않는다.

23. 헤나 반죽을 담아 쉽게 사용할 수 있는 콘의 형태 중 가장 적합한 것은?

① 사각형　② 원통형
③ 직삼각형　④ 육각형

24. 헤나의 보관방법으로 맞는 것은?

① 밀봉하여 햇빛이 닿지 않는 곳에 둔다.
② 공기가 잘 통하도록 서늘한 곳에 열어둔다.
③ 열대지역의 식물이므로 햇빛이 강한 곳이 좋다.
④ 보관 시 적당한 습도는 중요하다.

25. 질 좋은 헤나 파우더의 특징은?

① 갈색을 띠며 냄새가 나지 않는다.
② 선명한 녹색을 띠고 특유의 향이 난다.
③ 진한 노란색을 띠며 꽃향기가 난다.
④ 검은색이며 톡쏘는 냄새가 난다.

26. 블랙헤나에 들어가는 성분으로 피부암을 유발하며 피부에 치명적 손상을 주는 것은?

① para-phenylendiamin
② white oil
③ natural coloring matter
④ tannin

27. 헤나 디자인 후 반죽이 마르지 않게 하기 위한 코팅제로 가장 좋은 것은?

① 레몬파우더
② 에센셜 오일
③ 설탕 시럽
④ 레몬 슈가액

28. 헤나의 색을 진하게 내기 위해 사용하는 방법이 아닌 것은?

① 알카리를 띄는 첨가제를 넣어준다.
② 디자인전에 레몬즙이나 라임으로 피부를 닦아준다.
③ 정착액을 바른 후 완전히 굳기 전에 랩 등을 이용해 싸준다.
④ 피부에 디자인 후 반죽이 마를 때 레몬즙을 골고루 뿌려주면 좋다.

29. 헤나 반죽 시 유의해야 할 사항이 아닌 것은?

① 헤나 반죽 시 가장 중요한 요소는 농도이다.
② 정확하게 계량하는 것보다 정성스럽게 다루는 것이 좋다.
③ 온도와 타이밍에 따라 좋은 결과를 얻을 수 있다.
④ 반죽한 후 두달 후에 사용해야 한다.

30. 헤나 반죽의 방법으로 옳은 것은?

① 헤나파우더 반죽 시 첨가제를 넣고 숙성시킨다.
② 헤나 파우더는 반드시 채에 거르지 않는다.
③ 반드시 동물성 오일을 넣는다.
④ 헤나 반죽 시 색을 진하게 하기위해 인공색소를 넣는다.

31. 헤나 디자인 시 주의 사항 중 옳은 것은?

① 바늘을 이용해 염료를 피부 아래층까지 침투 시켜야 한다.
② 헤나 디자인 시 몸은 차가운 상태를 유지해야 한다.
③ 반죽이 마르기 전 가급적 옷이 닿지 않도록 주의한다.
④ 디자인 후 스크럽 제품이나 때밀이 수건과 같이 거친 것으로 문지르면 좋다.

32. 헤나반죽의 1차 숙성 시간으로 가장 적합한 것은?

① 즉시 사용한다.
② 24시간 이내
③ 5일 후
④ 일주일 후

33. 헤나 디자인 후 색상이 지속되는 기간은?

① 2~20일간 ② 이틀간
③ 1년간 ④ 24시간

34. 헤나의 색을 내기위한 요인들 중 홍차, 커피, 레몬 등은 헤나의 어떤 성분을 활성화 시키기 위한 것인가?

① 단백질 ② 탄수화물
③ 탄닌 ④ 지방

35. 헤나 반죽 시 레몬의 기능이 아닌 것은?

① 왁싱제로 사용될 때 효과적이다.
② 헤나의 탄닌 성분을 더욱더 강화시킨다.
③ 피부착색에 도움이 된다.
④ 피부 살균에 도움이 된다.

36. 힌두교 문화 속에서 번영과 풍요를 상징하는 여신의 이름은?

① 파르파티 ② 이슈타르
③ 락슈미 ④ 강가

37. 헤나의 화학적 반응으로 옳은 것은?

① 흡열반응 ② 발열반응
③ 연쇄반응 ④ 반사반응

38. 헤나의 숙성 방법 중 아닌 것은?

① 1차 숙성 시 공기가 통하지 않게 밀봉하여 25~30도의 정도에 1시간 정도 숙성
② 숙성된 1차 반죽에 레몬즙을 첨가하고 오일을 첨가한 후 다시 12시간 정도 숙성
③ 파우더에 커피 혹은 홍차를 섞은 경우 바로 사용해야 한다.
④ 계절에 따라 온도가 낮은 경우는 숙성시간을 늘려주되 48시간이 넘지 않도록 한다.

39. 헤나 콘 보관 방법 중 옳은 것은?

① 헤나 콘은 공기가 잘 통해야 이물질이 생기지 않는다.
② 사용 후 콘이 나오는 부분은 잘 막아 공기접촉을 최대한 막아야 한다.
③ 헤나는 천연재료이므로 꼭 냉동 보관해야 한다.
④ 만들어진 콘은 한번사용 후 버리는게 최상이다.

40. 헤나의 발색 후 색깔은?

① 검정 ② 노란색
③ 분홍색 ④ 갈색

41. 헤나의 착색을 돕는 매염제의 역할을 하는 것이 아닌 것은?

① 식물추출의 에센셜오일
② 홍차 우려낸 물
③ 알코올
④ 라임

42. 헤나의 발색을 위한 설명이다. 아닌 것은?

① 반죽과 숙성시키는 시간이 중요하다.
② 피부와 접촉 시간이 길수록 색이 진하게 나온다.
③ 헤나의 색을 진하게 하기 위하여 약간의 화학반응 염료를 첨가한다.
④ 디자인 후 빨리 건조 되는 것을 막기 위해 설탕시럽 등을 적셔준다.

43. 블랙헤나에 들어있는 성분으로 인체에 암을 유발시킬 수 있는 화학물질의 약자는?

① PCD ② PPD
③ PAD ④ POD

44. para-phenylendiamine 의 설명으로 아닌 것은?

① 화학물질의 한 종류이나 인체에는 해가 없는 것으로 알려져 천연헤나에 사용한다.
② 알레르기 유발물질이며 암을 유발할 수 있다.
③ 피부에 매우 깊이 침투하여 통증과 수포를 유발시킨다.
④ 4공산품이나 잉크 등에 들어있는 물질이다.

45. 헤나 반죽을 담을 콘의 재질로 가장 적합한 것은?

① 종이 ② 강철
③ 비닐 ④ 나무

46. 인도지역등 헤나의 민간요법의 활용의 예로 틀린 것은?

① 냄새를 약화시켜 탈취제로 사용한다.
② 가벼운 화상 시 열을 빼는 용도로 사용하기도 한다.
③ 복통, 지혈에 효과적으로 사용된다.
④ 헤어 컨디셔닝에 효과적이다.

47. 헤나의 사용용도 중 틀린 것은?

① 피부와 모발에 향유로도 사용
② 헤어 트리트먼트
③ 탈취제
④ 소화제

48. 탄닌성분을 활성화 시켜주는 천연재료로 틀린것은?

① 커피 ② 레몬
③ 석류 ④ 복숭아

49. 클레오파트라가 (　　) 상태를 좋게 하고 장식하기 위해서 헤나를 이용했고 헤나 오일을 향유로 사용했다는 기록이 있다. 괄호에 들어갈 적당한 말을 고르시오.

① 관절
② 옷감
③ 피부 및 머리카락
④ 손톱 및 발톱

50. 헤나와 결합해서 매염제(착색) 역할을 하는 성분은?

① 헤노 타닉산 ② 수소
③ 소금 ④ 와인

51. 헤나의 착색 정도가 진하게 나오는 방법이 아닌 것은?

① 헤나를 시술한 부위가 마르면 랩으로 감싼다.
② 어느 정도 마르면 레몬슈가액을 바른다.
③ 시술 후 즉시 씻는다.
④ 시술 전에 피부에 오일을 발라준다.

52. 전통적인 헤나의 의미로 적당하지 않는 것은?

① 신을 찬양하고 인간의 아름다움을 극대화 시키기 위해 많은 장식의 문화를 발달시킴.
② 단순한 패션에 한 장르로 사용 되었다.
③ 비밀스런 상징의 언어로 깊고 다양한 뜻을 지녀 여러 분야에서 발달되었다.
④ 작게는 개인의 기원을 표현하기 위한 수단으로 사용됨.

53. 천연헤나를 반죽하여 시술한 색깔 중 틀린 것은?

① 적갈색 ② 짙은 고동색
③ 흐린 갈색 ④ 흐린 검정색

54. 헤나에 들어있는 로손 또는 헤노타닉산은 무슨 성분인가?

① 에센스 성분 ② 탄닌 성분
③ 질소 성분 ④ 사카린 성분

55. 헤나에 들어있는 탄닌 성분이 활성화 되어 갈색계열로 염색 될 수 있는 상태에서 무엇과 접촉해야 색을 낼 수 있는가?

① 질소 ② 산소
③ 수소 ④ 탄소

56. 헤나에 있는 탄닌 성분의 활성화를 위해 흔하게 사용되지 않는 것은?

① 홍차 ② 커피
③ 레몬 ④ 인삼

57. 헤나 시술시 색의 강도와 지속성에 영향을 주지 않는 것은?

① 유칼립투스 오일 ② 라임즙
③ 에센셜 오일 ④ 글리세린 오일

58. 다음은 헤나 반죽으로 시술시 색을 내는 화학적 작용이 아닌 것은?

① 착색 과정 시 피부가 열을 흡수한다.
② 온도가 낮을수록 발색이 좋다.
③ 발색을 높은 온도에 반응이 잘 일어난다.
④ 신체 부위별 헤나 발색이 달라질 수가 있다.

59. 헤나를 피부에 시술 후 빠르고 진하게 색을 내는 방법이 아닌 것은?

① 피부와 접촉을 빠르게 하기 위하여 열을 가해 빨리 말린다.
② 최소 4시간에서 하루까지 피부와 접촉한다.
③ 레몬 슈가액을 바르거나 오일을 바른다.
④ 얇은 비닐이나 랩 등을 이용하여 감싸서 고정한다.

60. 헤나를 그리고자 하는 신체 부위의 준비 방법이 틀린 것은?

① 털이 있는 부위는 털을 제거한다.
② 각질이 많은 부위는 스크럽을 한다.
③ 따뜻한 부위를 차게 한다.
④ 피부상태를 깨끗하게 만든 후 멘디오일 or 헤나오일을 바른다.

61. 헤나 시술을 위하여 신선한 헤나 분말을 구입 후 사용하는 방법 중 틀린 것은?

① 밀봉해서 보관한다.
② 햇빛이 닿는 따뜻한 곳에 보관해야 한다.
③ 서늘한 곳에 보관해야 한다.
④ 가능하면 빨리 사용해야 한다.

62. 헤나 분말을 구입하는 방법 중 틀린 것은?

① 질이 좋고 신선해야 한다.
② 분말의 색이 선명한 녹색이어야 한다.
③ 가격이 비싸고 색이 연해야 한다.
④ 가능한 분말입자가 고운 것을 선택한다.

63. 헤나의 재배지로 널리 알려진 곳이 아닌 것은?

① 모나코 ② 중동
③ 인도 ④ 네팔

64. 착색성분을 고정시키는 성분 시트르산으로 레몬이나 라임에서 얻을수있는 이것을 말하는 명칭은?

① 소독제 ② 산화제
③ 매염제 ④ 발산제

65. PPD에 관한 설명 중 틀린 것은?

① 검은색고무, 사진복사, 잉크 등에 사용된다.
② 알레르기유발물질이며 피부 깊숙히 침투하여 통증과 수포를 발생시킨다.
③ 반죽에 넣어주는 착색제의 하나이다.
④ 체내에 축적시 암이나 돌연변이를 유발 할 수 있다.

66. 헤나의 건조과정중 옳은 것은?

① 자외선조명을 쬐거나 헤어드라이기로 말리면 색이 진하고 좋다.
② 자연스러운 건조가 가장 좋은 방법이다.
③ 건조 시 마를 것 같을때 떼어내야 피부에 좋다.
④ 시술직후 랩으로 싸놓는다.

67. 헤나의 시술에 관련된 설명이다. 틀린 것은?

① 헤나를 떼어낼 땐 오일을 바른 면봉을 사용하면 색이 지워진다.
② 시술하는 장소는 반드시 따뜻해야한다.
③ 가급적 3~12시간 정도 지난 후 떼어내는 것이 좋다.
④ 헤나를 떼어낸 후 최소 5시간동안 물을 묻히지 않는 것이 좋다.

68. 헤나의 피부테스트방법설명이다. 틀린 것은?

① 사용할 헤나 반죽 소량을 실험액으로 몇 방울 만든다.
② 팔안쪽. 귓불의 뒤쪽피부를 깨끗이 씻고 탈지면으로 가볍게 닦는다.
③ 동전크기로 바른 후 30~1시간동안 방치해둔다.
④ 사용할 헤나 소량을 묽게 탄 후 주사기를 이용해 표피부분까지 주입시킨다.

69. 헤나사용을 금하는 부위의 경우가 아닌 것은?

① 종기. 상처. 피부병이 있는 경우
② 피부 테스트시 발적, 수포적가 있는 경우
③ 경미한 화상부위
④ 출산전후 병증. 병후 회복기등 신체에 이상이 있는 경우

70. 헤나 반죽의 가장 좋은 점도는 예를 들어 어는 정도인가?

① 요플레　　② 젤리
③ 과일즙　　④ 오일

71. 헤나가 피부에 닿았을 때 나타나는 효과는?

① 서늘하게 하는 효과
② 따뜻하게 하는 효과
③ 건조하게 하는 효과
④ 제모효과

72. 높은 이산화탄소 방출 및 산소흡수율로 헤나 디자인을 하면 색이 진하게 나타나는 부위는?

① 팔　　② 허리
③ 목　　④ 발

73. 헤나가루 10g 반죽 시 티트리 오일의 적당한 첨가량은?

① 1/3컵
② 티스푼 5~7스푼
③ 8~10방울
④ 헤나가루와 1:1 비율

74. 헤나 실기시험 준비물 규정에 없는 것은?

① 고무볼　　② 고글
③ 인조손　　④ 면봉

75. 헤나의 착색과 관련 없는 것은?

① 헤나파우더의 신선도
② 시술자의 체온
③ 시술 장소의 온도
④ 착색 시간

76. 문양과 디자인의 의미로 정삼각형에 대한 설명 중 맞는 것은?

① 정삼각형은 바른생활을 의미한다.
② 힌두교에서는 불과 하늘을 향해 올라가는 것을 뜻하며 시바의 상징이다.
③ 아름다움을 가두어둔다는 의미가 있다.
④ 세가지 소원 중 한가지만 기원하는 의미가 있다.

77. 역삼각형의 의미에 대한 설명 중 맞는 것은?

① 여성을 뜻하며 하늘에서 내리는 은혜를 반영한다.
② 불완전한 삶을 나타낸다.
③ 문양에서 절대 사용하여선 안 될 나쁜 뜻이다.
④ 신성시되는 문양에는 역삼각형은 사용되지 않는다.

78. 문양의 기본형태 중 점(.)을 상징하지 않는 것은?

① 점은 모든 형태의 본질이다.
② 모든 부호는 점에서 시작된다.
③ 모든 것을 발산 또는 융합하는 씨앗이다.
④ 모든 사랑을 위한 비밀스런 언어가 된다.

79. 붓꽃의 상징으로 옳지 않은 것은?

① 남녀의 조화로운 결합을 의미
② 인간의 몸에 숨겨진 죽음의 에너지
③ 연꽃이나 백합꽃 과 같은 의미
④ 빛과 생명의 에너지를 담고 있다

80. 헤나문양으로 많이 사용되는 것으로 힘과 선의 수호자로서 생명의 엄청난 역동적인 힘을 담고 있는 동양의 신화적 동물은?

① 용　　② 호랑이
③ 매　　④ 두꺼비

81. 은총. 아름다움. 여성스러움 등을 느낄 수 있으며 아름다운 꽃만 하늘로 피워내어 두 영역에 존재하는 본성의 이중성을 표현하기도 하는 문양은?

① 연꽃　　② 메두사
③ 매화　　④ 대나무

82. 문양의 발생설 중 인간이 공간을 공포 심리의 반응으로 어떠한 형태로든 매꾸려는 충동을 가지고 있다고 하는 설은?

① 공간 공포설　　② 위협설
③ 장식설　　④ 종교적기원

83. 꽃잎이 8장이고 바깥층에 4의 배수로 증가되며 힌두에서는 여신 락슈미와 관련되어 표현되는 것은?

① 당초무늬　　② 붓꽃
③ 모란　　④ 연꽃

84. 문양의 발생설에 포함되지 않는 것은?

① 장식설　　② 위협설
③ 공간 공포설　　④ 상징설

85. 고대 켈트족이 사용했던 상징으로 여성의 행운과 보호를 위한 여성수호상징은?

① 트리퀘트라　　② 켈틱드레곤
③ 아즈텍스템프　　④ 틀라록의 뱀

86. 고대 중국에서 유래된 상징으로 무언가를 연결시키거나 통일 시키는 것을 의미하는 문양은?

① 마아테라스　　② 아즈텍스탬프
③매듭　　④ 트리퀘트라

87. 아홉을 의미하며 희랍어 에니아스와 도형을 의미하는 그램이 합쳐져 만들어 낸 것이며, 사람의 성격을 아홉 가지로 분류하는 심리분석방법을 가리키기도 하는 이 문양은?

① 켈트에니어그램 ② 헥사
③ 감마디온 ④ 트리스켈리온

88. 티벳 불교의 신도들에게 암송하면 해로운 힘들을 물리치는데 효과가 있는 일종의 주술적 주문의 형태로 '오! 연꽃속의 보석이여'로 풀이할 수 있는 단어는?

① 사이고마대 ② 반야심경
③ 옴마니반메훔 ④ 사하라차크라

89. 부귀의 의미를 갖는 동물이 아닌 것은?

① 사슴 ② 박쥐
③ 봉황 ④ 돼지

90. 힌두철학에서 매우 중요한 명상상징이며 티벳 불교에서 중요한 의미를 갖는 명상상징은?

① 범 ② 왕
③ 옴 ④ 원

91. 용맹, 힘, 관운의 징조로 많이 쓰이며, 병을 막아주고 복의 기운을 상징하는 동양의 동물은?

① 나비 ② 사슴
③ 거북이 ④ 호랑이

92. 당나라풍의 넝쿨무늬로 이집트에서 발생해서 그리스에서 완성된 것으로 보이며, 한국전통문양에도 많이 쓰이는 이 무늬는?

① 만다라 ② 셀틱
③ 당초무늬 ④ 모란

93. 번영과 창성의 꽃으로 일본에서도 많이 볼 수 있는 꽃은?

① 벚꽃 ② 작약
③ 모란 ④ 인동초

94. 고대인도의 태양신의 상징으로 아침에 눈을 뜨고 활기찬 하루를 보내게 만들어 주는 상징인 것은?

① 수리야 ② 옴
③ 켈트애니어그램 ④ 헥사

95. 헤나문양에 대한 총체적인 설명이다. 옳지 않은 것은?

① 비밀스러운 상징의 언어이다.
② 어떤 문양이든 아트적인 의미 이외는 없다.
③ 신과의 대화의 매개체로 생각해 왔다.
④ 문양의 의미를 부여하고 기원했다.

96. 탄트라 철학에 관련하여 점에 대한 의미가 아닌 것은?

① 점은 모든 형태의 본질이다.
② 점은 융합을 하는 씨앗이다.
③ 점은 하나의 면일 뿐이다.
④ 융합되는 점들이 선을 이룬다.

97. 선에 관련된 설명 중 아닌 것은?

① 선이 서로 만나면 각이 생긴다.
② 선이 만나서 생기는 각의 안쪽과 바깥쪽은 삶의 이중성에 비유된다.
③ 선이 3개가 만나면 삼각형이 되는데 활동적인 의미, 남성의 본질이라는 의미가 있다.
④ 수평한 직선은 만날 수 없는 무의미를 나타낸다.

98. 정삼각형과 역삼각형을 합쳐놓은 육각형 또는 별모양의 의미 설명은?

① 여성과 남성의 결합을 의미한다.
② 산과 바다를 의미한다.
③ 하늘과 땅을 의미한다.
④ 강과 냇물을 의미한다.

99. 물, 불, 땅, 공기 그리고 하늘을 상징하는 형태는?

① 삼각형 ② 팔각형
③ 사각형 ④ 오각형

100. 붓꽃 문양의 상징으로 옳지 않은 것은?

① 남녀의 조화로운 결합을 의미
② 인간의 몸에 숨겨진 악령의 에너지
③ 연꽃이나 백합꽃
④ 빛과 생명의 에너지를 담고 있다.

101. 디자인에 따른 큰 세가지의 헤나문양의 분류가 아닌것은?

① 대칭형 ② 자유형
③ 특징형 ④ 공간형

102. 북유럽의 주신 오딘신을 나타내는 발크노트상징으로 오딘신과의 결속과 보호를 의미하는 상징이다. 강력하고 복잡한 형태로 이루어져 있으며 트라이벌 무늬에 많이 쓰이기도 하는 이것은?

① 트리스켈리온
② 켈트에니어그램
③ 헥사-발크노트
④ 감마디온

103. 인도인들의 대중적 인기와 숭배를 한몸에 받고있는 코끼리신이며, 간혹 인도문양이 그려진 가방등에서도 볼수있는 이 문양은?

① 가네샤 ② 사하라차크라
③ 유니콘 ④ 셀틱

104. 날아다니는 동물. 한국전통문양에 많이 쓰이며, 장수의 의미를 가진 이 동물은?

① 박쥐 ② 사자
③ 사슴 ④ 토끼

105. 점(spot)에 관련된 설명 중 틀린것은?

① 점은 모든 형태의 본질이다.
② 가장 작은 표현단위이면서 크기나 환경조건에 따라 전혀 다른 느낌을 줄 수 있다.
③ 공간의 중심에 점을두면 단순하기만 하고 불안정해보인다.
④ 융합되는 점들이 선을 이룬다.

106. 선에 관련된 설명중 맞는것은?

① 직선의 경우 심리적, 생리적 각도에서 보아 여성적 요소가 강하다.
② 두 개의 점만이 연결되어야 선이 된다.
③ 기하곡선은 변화있고 유연성이 있는 리듬을 표출한다.
④ 선은 점의 연결선상으로 볼 수 있으며 직선과 곡선으로 나누어 표현하려 한다.

107. 고대 인도의 얀트라에서 그들의 정신세계이며 본질적인 형태에 도달하는 원, 사각, 삼각형의 형태를 무엇이라고 칭하는가?

① 간다라 ② 만다라
③ 반다라 ④ 힌디라

108. 고대 그리스에서부터 중세시대에도 널리 사용된 상징으로 '뿔이 하나' 라는 뜻을 가진 문양은?

① 헥사발크노트 ② 스퀘어
③ 아즈텍스템프 ④ 유니콘

109. 연꽃은 헤나를 디자인할 때 많은 사람들이 좋아하는 이미지 중의 하나인데 연꽃의 이미지와 관련이 없는 것은?

① 끊임없는 활력과 처녀성을 나타낸다.
② 아름다움과 여성스러움을 나타낸다.
③ 창조와 완성 그리고 여성의 성기관을 상징하기도 한다.
④ 은총과 빛을 찾는 영혼의 상징이다.

110. 고대 아즈텍문명에서 시장표시로 사용하던 상징이다. 수없이 찍혀진 발자국은 돈을 부르는 손님들의 발자국, 사업의 번성을 기원한다는 의미를 지닌 문양은?

① 아즈텍 스템프 ② 아즈텍시장
③ 트리스켈리온 ④ 멕시코 드래곤

111. 고대의 역사를 보면 사물을 보는 시각이 신앙적인 의미를 부여하고 상징들 하나하나가 풍요와 번영 등 길흉화복을 기원하는 뜻을 담아 상징적인 문양을 사용했다. 고대 농경민에는 생명과도 같았던 비를 내리게 만드는 아즈텍인들의 상징으로 사용되던 문양은?

① 틀라록의 뱀 ② 재규어 버드
③ 엘발르 스텔라 ④ 아즈텍 이글

112. 고대 이집트에서 가장 널리 사용된 강력한 수호상징에 하나이다. 스카라베우스라는 갑충석과 함께 가장 널리 사용되었으며 호신용 상징으로 벽화, 관 등에 새겨져 악귀를 물리치는 역할을 하였던 상징의 문양은?

① 곱트의 우로부로스
② 네크베트
③ 호루스의 눈(Utchat)
④ 에아

113. 고대 이집트의 대표적인 상징으로 생명을 의미한다. 고대 이집트의 역사상 가장 많은 상징체계를 만들어 낸 것으로도 유명하다. 영원한 생명을 나타내는 동시에 숨겨진 지혜를 밝혀내는 지식의 열쇠, 힘, 권위 등도 함께 의미하는 T형 십자가 위에 타원형이 올려진 형태를 가진 고대 이집트의 대표적인 문양은?

① 스카라베우스의 태양
② 알파와 오메가
③ 앙크
④ 보나 데아

114. '파티마의 손'에 관한 설명이다. 옳은 것은?

① 악한 기운을 막아주는 부적으로 사용되었다.
② 카톨릭에서 신품성사를 상징하기 위해 사용한 태양상징
③ 카톨릭에서 구원자를 의미한다.
④ 기쁜 소식을 전해주는 메신저의 의미이다.

115. [보기]는 무엇에 관한 설명인가?

> 점은 모든 형태의 본질이며 기반이다. 또한 모든 것을 발산,융합하는 씨앗이다. 모든부호는 점에서 시작되고 점이 모여 이루어진 하나의 문양은 헤나의 비밀스런 언어의 철자가 된다.

① 탄트라 철학
② 고대 아즈텍 문명
③ 바빌로니아 문명
④ 이집트 문명

116. 예식문양은 일반적으로 부부화합, 축복, 장수, 다산 등의 의미를 갖는 문양으로 표현되는데, 다음 중 의미가 다른 것은?

① 망고스 ② 포도
③ 봇꽃 ④ 수탉

117. 헤나 문양의 분류 중 다른 것은?

① 대칭형 ② 자유형
③ 황금분할 ④ 특징형

118. 중국에서 용은 매우 귀하게 여겨지며 그 종류도 다양하다. 보기 중에 여러 용들의 수장 이며 강력한 지도력과 절도있는 식생활로 알려진 용은?

① 우룡 ② 기룡
③ 비룡 ④ 와룡

119. 디자인의 개념 중 틀린 것은?

① 독창성과 조화성이 적절히 있어야 한다.
② 창작의도를 내포하여야 한다.
③ 미의 보편 타당성이 충족되어야 한다.
④ 주관적 의미가 가장 중요하다.

120. 구도에 있어서 각 구도가 주는 느낌으로 틀린 것은?

① 수직구도 : 고요하고 엄숙
② 수평구도 : 평화, 고요, 넓이
③ 대각선구도 : 늠름한 느낌
④ 삼각구도 : 퍼져 나가는 느낌

121. 6세기경에 이집트에서 만들어진 상징이다. 알파벳의 첫 번째 문자와 마지막 문자를 상징적으로 표현한 문양으로 헬레니즘 시대에 주로 우주의 시작과 끝으로서의 절대적인 존재의 신을 상징했다. 처음 목표한 대로 결실을 이룰 수 있는 힘과 에너지를 주는 고대상징의 문양은?

① 호루스의 눈
② 콥트의 우로부로스
③ 알파와 오메가
④ 아즈텍 이글

122. 고대 이집트에서 태양의 신이자 세계의 신성한 지배자로 섬겨졌던 신의 상징이다. '날개달린 태양'은 이집트의 신화 속에서 이 신을 나타내는 말이다. 기원전 14세기경 아케나텐 파라오때는 이집트 종교의 유일신으로 태양의 지배자, 하늘의 지배자, 세계의 창조주 등으로 묘사되기도 했던 상징은?

① 보니 데아
② 아테나의 올빼미
③ 오시리스
④ 아톤

123. 고대 바빌로니아 신화에서 지혜와 기술을 상징한 문양으로 바빌로니아 이전의 수메르 신화에서는 엔키라고 불리었으며 '물의 집'이라는 뜻을 가진 상징은?

① 호루스의 눈 ② 네크베트
③ 에아 ④ 아즈텍 이글

124. 깨달음에 이르기 위한 길을 묘사한 불교의 상징으로 원래는 부처와 제자들의 유골을 모셔두기 위해 만들었던 사리탑을 형상화한 이 상징은?

① 서던 스카이
② 다르마차크라
③ 판치보
④ 사하스라라 챠크라

125. 고대 중국에서 비를 부르기 위해 사용했던 상징으로 중국인들은 용이 번개와

비를 주관 하는 신비한 힘을 가지고 있다고 믿고 있었다. 이를 상징하는 문양은?

① 기룡 ② 언노운 드래곤
③ 드래곤 참 ④ 우룡

126. 고대 이래 중국에서 행운의 상징으로 쓰여온 박쥐문양으로 다섯가지 복이 목숨을 지탱하고 있다는 의미를 지닌 고대 중국인들에게 행운을 부르는 부적과도 같은 이 상징은?

① 진시황의 어인 ② 불멸의 키케다
③ 드래곤 메달 ④ 오복봉수

127. 기독교에서 '천주 성삼'을 상징하는 붓꽃문양 중 하나로, 특히 성부, 성자, 성령의 성삼위 가운데서도 두 번째 성자인 예수 그리스도를 상징하는 것은?

① 크라이스트 킹 ② 에덴의 검
③ 이크투스 ④ 오르디나티오

128. 물고기형상의 기독교상징으로, 기독교의 구원자인 예수그리스도 혹은 구언자체를 의미하는 상징이다. 생명의 재생이나 유지와 관련되는 것으로 중요한 의미를 지닌 이 상징은?

① 오르디나티오 ② 크로스
③ 크라이스트 킹 ④ 이크투스

129. 희랍어로 '세개의 다리' 라는 뜻을 가진 이 상징은 세계 여러 문명권 중 켈트족에서 가장 자주 발견되었다. 세 개의 다리는 아침, 점심과 저녁나절 태양의 움직임을 나타내 기도하고 여신이 가지는 처녀, 어머니, 할머니로서의 세가지 성격을 나타내기도 한 상징으로 표현된다. 이 상징은?

① 핵사 – 발크노트
② 테트라스켈리온
③ 페이스 트리스켈리온
④ 스퀘어 맨

130. 노르웨이에서 발견된 상징으로, 대지의 이미지가 연관되어 안정된 평화를 상징한다. 하늘의 의미를 상징하는 원과 대조를 이루는 땅의 상징이기도 한 정사각형과 사람의 모습이 결합되어 만들어진 이 상징의 문양은?

① 스퀘어 맨
② 아즈텍 스템프
③ 테트라스켈리온
④ 재규어 버드

131. 그리스로마 신화의 신을 나타내는 문양 가운데 하나로 로마의 전령신이자 상인과 여행자들의 신이다. 상업과 관련성 때문에 돈주머니를 가지고 다니는 것으로 묘사된다. 이 신을 상징한 문양은?

① 마르스 ② 머큐리
③ 베스타 ④ 쥬피터

132. 그리스로마 신화의 신들을 나타내는 문양가운데 하나로, 화덕의 여신을 나타내는 이 문양의 상징은?

① 베스타 ② 머큐리
③ 태양여신 ④ 미케네

133. 나찌의 철십자로 더 잘 알려진 문양으로 원래는 침략군들을 방어하기 위한 요새의 문양에서 나온 고대의 상징이다. 이 상징은?

① 스바스포트 ② 수리야
③ 켈트에니어그램 ④ 켈틱 호스

134. 에덴동산을 지키는 기독교의 불칼을 형상화한 문양으로 히브리어로는 '하느님의 불, 혹은 하느님의 빛' 을 뜻하는 문양의 이름은?

① 에덴의 검 ② 크라이스트 킹
③ 이크루스 ④ 크로스

135. 매듭은 많은 문화권에서 다양한 상징적인 의미를 부여하였는데 다음 중 매듭의 상징이 아닌 것은?

① 귀신을 물리치는 주술적인 힘
② 사랑하는 연인사이가 오래 지속되는 힘
③ 부모의 장수를 기원하는 힘
④ 연결과 통일, 영원함을 기원하는 힘

136. 티벳불교의 신도들이 모든 해로운 힘들을 물리치는데 암송하는 주술재 주문은?

① 헥사 발크노트 ② 옴 시에나
③ 옴마니 반메훔 ④ 옴 수리야

137. 인도의 신화 체계에서 가장 중요한 삼대신이 아닌 것은?

① 브라흐마 ② 비쉬누
③ 시바 ④ 라시니

138. 고대인도의 태양을 신격화 시킨 신 이름은?

① 수리야 ② 비쉬누
③ 시바 ④ 브라흐마

139. 연인사이가 시들어가는 남녀에게 밝음과 생기, 활력을 주는 상징의 꽃?

① 장미꽃 ② 자이락꽃
③ 민들레꽃 ④ 붓꽃

140. 고대 켈트 신화에서 3중의 여신으로 치유와 풍요의 여신으로 표현되는 신은?

① 트리퀘트라
② 브리지트
③ 락쉬미
④ 브라흐마

141. 9각형의 별모양을 가지고 있으며 사람의 성격을 9가지로 분류하는 의미 도가 가지고 있는 상징의 이름은?

① 쉬바 트리슐라
② 트리퀘트라
③ 켈틱드래곤
④ 켈트애니어그램

142. 헥사 발크노트는 북유럽의 오딘신과의 결속과 신으로 부터의 보호를 상징하는 세 겹의 매듭문양으로 되어있다. 다음 중 세 겹의 문양이 나타내는 속성이 아닌 것은?

① 으뜸 ② 명상
③ 버금 ④ 딸림

143. 남성상징과 여성상징이 결합된 형상을 가지고 있는 꽃은?

① 붓꽃 ② 나팔꽃
③ 수선화꽃 ④ 물망초꽃

144. 고대 인도의 신중 수리야의 상징이 아닌것은?

① 암흑을 물리친다.
② 생물의 활동을 감시한다.
③ 활기찬 하루를 보내게 한다.
④ 모든 마귀와 악마를 물리친다.

145. 고대 켈트족이 사용하던 상징으로, 여성의 자기 완성을 도와주는 수호상징이다. 모서리가 세계라는 뜻이 있는 이 상징은 기독교에서 성삼위일체의 상징으로 쓰이기도 한 것으로 여성이 일생동안 겪게 되는 변화와 또 그 변화를 통해 얻게 되는 완성을 의미하는 이 상징의 문양은?

① 트리퀘트라 매듭
② 켈트의 나선매듭
③ 켈트 십자가
④ 켈트 에니어그램

146. 부부화합에 해당되는 동물이 아닌것은?

① 원앙　② 기러기
③ 오리　④ 용

147. 힌두교에서 우리 인간안에 숨겨진 힘, 일종의 잠재력을 의미하는 문양은?

① 사하스라라 챠크라
② 수리야
③ 쉬바 트리슐라
④ 쿤달리니

148. 카톨릭에서 신을 대신하는 성직자의 성스러운 권위나 책임을 상징하는 문양은?

① 유니콘　② 시에나의 문양
③ 켈틱 드래곤　④ 오르디나리오

149. 중국의 상서로운 행운의 상징 중 하나로 '무늬글자' 라는 의미에서 '화자' 라고 부른다. 고대 중국인들에게 온갖 복이나 행운을 불러주는 상징은?

① 카오스피어　② 단만자
③ 갈가마귀인장룬　④ 발크노트

150. 태양의 기상을 명령하는 인디언들의 상징이다. 새와 뱀이 결합된 형태로 '새의 깃털이 달린 뱀' 이라는 독특한 상징으로 써 태양이 떠서 환한 아침의 시작을 알릴 것을 명령 하기 때문에 '새벽의 주님' 이라고도 불리우는 상징은?

① 스테이크 버드　② 만다라
③ 삼족오　④ 에질리

151. 아메리칸 인디언 신화에 등장하는 거미 상징이다. 인디언들에게 폭풍,바람,벼락 등 갑작스런 자연재해를 막아주는 인간을 지켜주는 주술적인 수호부적으로 사용되었던 상징은?

① 인디언 히어로
② 인디언 스파이더
③ 에질리
④ 수호 탈리스만

152. 길가마귀를 형상화한 문양으로 중국,일본 페르시아등지에서 길가마귀는 신들의 메신저로 해를 상징하며 밝은 태양과도 관련있는 이 문양은?

① 스네이크버드　② 인디언 히어로
③ 아마테라스　④ 우로보로스

153. 평면구성의 의의에 대한 설명중 아닌것은?

① 색채와 재료에 대해서는 매우 한정적이다.
② 생리적 작용에 의한 시각적 착각을 말한다.
③ 형태에 한하여 조형활동을 하는 평면구성위주로 다루고자한다
④ 시각적 또는 정신적인 요소를 조형적인 것으로 조직하는 일이다.

154. 면에 관련된 설명이다. 옳은 것은?

① 점이나 선으로 간주되지 않는 모든 평면의 형태이다.
② 불완전한 삶을 나타낸다.
③ 가장 작은 표현단위이다.
④ 두 개의 점이 연결되어 만들어진 형태이다.

155. 구도에 관련된 설명 중 잘못 연결된 것은?

① 삼각구도 – 안정감, 중후감
② 부채골구도 – 고요하고 엄숙
③ 방사선구도 – 구심적통일감, 변화의 느낌
④ 대각선구도 – 늠름한 느낌, 불안한 느낌

156. 다음은 무엇에 대한 설명인가?

> 통일과 변화의 원리가 지니고 있는 각각의 특성을 한층 더 강하게 살려주는 촉매제 역할을 하며, 두 원리의 상관관계에서 발생되는 문제점을 중재시켜 융화의 조화로운 화면을 구성하는데 필요 불가결한 요소이다.

① 공간(space) ② 선
③ 점 ④ 구성

157. 자신의 꼬리를 물고 있는 뱀을 지칭하는 단어로서 중세 연금술에서 사용한 상징이며 스스로를 죽이며 창조하는 불사의 존재로 영원함을 상징하는 것은?

① 스네이크버드 ② 인디언 히어로
③ 아마테라스 ④ 우로보로스

158. 상징별 분류에서 부부화합의 상징이 아닌 것은?

① 원앙 ② 연꽃
③ 코끼리 ④ 오리

159. 십자가 상징의 기독교적 변형형태 중 하나로 그리스도의 구원을 상징하는 것은?

① 이크투스 ② 크로스
③ 크라이스트킹 ④ 세라핌

160. 구성의 기본요소에 해당되지 않는 것은?

① 선 ② 점
③ 구도 ④ 공간

161. 직선에 관련된 설명이다. 옳지 않은 것은?

① 가는선 – 현대적이고 강한 합리적 리듬의 표출
② 굵은선 – 호쾌, 중후, 반석과 같은 속에서도 직선이 가지고 있는 힘찬 긴장감이 있다.
③ 긴선 –시간성, 지속성, 약간 느린 운동감을 표출한다.
④ 오구 직선 –단순 명쾌하다.

162. 구도에 관련된 설명이다 옳지 않은 것은?

① 마름모꼴구도는 포위감, 동적느낌이 있다.
② 원형구도는 평균된 안정감이 있다.
③ 전광형구도는 동적요소, 변화의 깊이가 있다.
④ 사선구도는 정적이며, 완전한 느낌이다.

163. 크기나 장단의 비를 말하며 균형과 직접 관계가 있다. 똑같은 반복이나 규제와는 달리 질서와 변화를 갖게 하는 원리인 것은 무엇인가.

① 변화 ② 비례
③ 구도 ④ 율동

164. 대칭의 종류가 아닌것은?

① 선대칭 ② 방사대칭
③ 면대칭 ④ 확대대칭

165. 주변조건에 따라 특정한 부분을 강하게 하여 변화를 주는 요소이다. 무엇인가?

① 동세 ② 강조
③ 대칭 ④ 율동

166. 피부호흡에 영향을 주는 요소중 가장 적은 것은?

① 그날의 컨디션
② 온도
③ 주위대기중의 이산화탄소 압의 변화
④ 신체부위

167. 피부호흡과 관련하여 신체부위별로 이산화탄소 방출 및 산소흡수율은 헤나의 어떤 특성과 관련이 있는가?

① 파우더 농도 ② 색의 진하기
③ 알레르기 유발 ④ 온도

168. 피부의 정상 ph는?

① 5~6 ② 7~8
③ ④5~5 ④ ③5~4

169. 햇볕에 탄 피부의 원상회복은 어떤 영양소의 작용인가?

① 단백질 ② 지방
③ 무기질 ④ 비타민

170. 피부의 ph에 해당되는 것은?

① 약산성 ② 중성
③ 약알칼리성 ④ 강산성

171. 피부의 진피에 속하는 것은?

① 기저층 ② 투명층
③ 망상층 ④ 각질층

172. 피부호흡에 영향을 주는 요소가 아닌 것은?

① 대기중의 산소, 이산화탄소 압의 변화
② 습도
③ 온도
④ 헤나

173. 피부의 분비작용에 관한 설명이다. 맞지 않는 것은?

① 모세혈관의 수축 또는 확장과 한선에서 땀이 분비되어 이루어지는 기화열에 의해 분비 작용을 조절 유지
② 사춘기가 되면 피지선의 활동이 활발해지고 크기가 커져 분비량이 많아짐
③ 남자의 경우가 여자보다 피지의 분비가 많다.
④ 신체부위에 따라 다르고, 피지선의 크기와 활동성은 개인에 따라 차이가 있다.

174. 각질층, 투명층, 과립층, 유극층, 기저층으로 이루어진 피부의 단면의 이름은?

① 피하지방 ② 표피
③ 진피 ④ 각질

175. 피부의 기능 중 맞지 않는 것은?

① 보호 ② 배설
③ 근육자극 ④ 체온조절

176. 피부의 가장 깊은 층은?

① 유극상층 ② 외피
③ 진피 ④ 피부

177. 케라틴의 적당한 수분함량으로 옳은 것은?

① 10~20% ② 10~30%
③ 20~30% ④ 20~40%

178. 다음 중 피부 소구로 둘러쌓인 부분을 지칭하는 말은?

① 피부대릉 ② 피부소릉
③ 피부하릉 ④ 피부중릉

179. 우리몸의 통점은 대략 몇 개가 있는가?

① 100~200개 ② 200~300개
③ 300~400개 ④ 400~500개

180. 헤나가 염색되는 피부층은?

① 진피층 ② 피하 지방조직
③ 각질층 ④ 표피기저층

181. 피부를 구성하고 있는 단백질의 명칭은?

① 에센셜 ② 케라틴
③ 아미노산 ④ 아밀라산

182. 피부의 작용이 아닌 것은?

① 의사나 감정을 나타내는 표정작용
② 뼈의 발육을 도와주는 비타민E 합성 작용
③ 외부의 온도와 관계없이 체온을 유지 시켜주는 체온 조절 작용
④ 몸속에 유해한 물질이 들어오면 대항하는 물질을 만들어내는 면역작용

183. 헤나 시술시 피시술자의 피부상태로 시술 할 수 있는 사항은?

① 두피, 안면의 종기, 피부병이 있는 경우
② 피부 실험에서 발적, 수포등의 이상이 생겼을 때
③ 신체에 오래된 흉터가 있는 경우
④ 출산전후 병후의 회복기 등 신체에 이상이 있는 경우

184. 피부중에서 가장 얇은 층으로 유해한 물질로부터 보호작용을 하는 피부는?

① 진피 ② 표피
③ 피조직 ④ 피지선

185. 피부의 작용으로 틀린 것은?

① 보호작용 ② 분비작용
③ 체온조절작용 ④ 대피작용문제

정 답

1	2	3	4	5	6	7	8	9	10
①	②	④	③	①	②	①	③	②	②
11	**12**	**13**	**14**	**15**	**16**	**17**	**18**	**19**	**20**
②	④	①	①	③	①	②	①	②	①
21	**22**	**23**	**24**	**25**	**26**	**27**	**28**	**29**	**30**
①	①	③	①	②	①	④	①	④	①
31	**32**	**33**	**34**	**35**	**36**	**37**	**38**	**39**	**40**
③	②	①	③	①	③	①	①	②	④
41	**42**	**43**	**44**	**45**	**46**	**47**	**48**	**49**	**50**
③	③	②	①	③	③	④	④	③	①
51	**52**	**53**	**54**	**55**	**56**	**57**	**58**	**59**	**60**
③	②	④	②	②	④	④	②	①	③
61	**62**	**63**	**64**	**65**	**66**	**67**	**68**	**69**	**70**
②	③	①	③	③	②	①	④	③	①
71	**72**	**73**	**74**	**75**	**76**	**77**	**78**	**79**	**80**
①	④	③	④	②	②	①	④	②	①
81	**82**	**83**	**84**	**85**	**86**	**87**	**88**	**89**	**90**
①	①	④	②	①	③	①	③	②	③
91	**92**	**93**	**94**	**95**	**96**	**97**	**98**	**99**	**100**
④	③	①	①	②	③	②	①	④	②
101	**102**	**103**	**104**	**105**	**106**	**107**	**108**	**109**	**110**
④	③	①	①	③	④	②	④	①	②
111	**112**	**113**	**114**	**115**	**116**	**117**	**118**	**119**	**120**
①	③	③	①	①	④	③	②	④	④
121	**122**	**123**	**124**	**125**	**126**	**127**	**128**	**129**	**130**
③	④	③	③	④	④	①	④	③	①
131	**132**	**133**	**134**	**135**	**136**	**137**	**138**	**139**	**140**
②	①	①	①	①	③	④	①	④	②
141	**142**	**143**	**144**	**145**	**146**	**147**	**148**	**149**	**150**
④	②	①	④	①	④	④	④	②	①
151	**152**	**153**	**154**	**155**	**156**	**157**	**158**	**159**	**160**
②	②	②	①	②	①	④	③	②	④
161	**162**	**163**	**164**	**165**	**166**	**167**	**168**	**169**	**170**
①	④	②	③	②	①	②	①	④	①
171	**172**	**173**	**174**	**175**	**176**	**177**	**178**	**179**	**180**
③	④	①	②	③	③	②	②	①	③
181	**182**	**183**	**184**	**185**					
②	②	③	②	④					

헤나아트 시험 규정

한국헤나 협회 필기시험

1. 2급 필기 응시자 유의사항 (구분 헤나아트 2급 필기)

응시자격 자격제한 없음

자격시험 접수 응시원서에 필수기재사항 기재, 사진부착

접수기간 엄수

준비물

1) 신분증(주민등록증, 운전면허증, 여권, 학생증, 주민등록등본 가능)

2) 필기도구 : 컴퓨터용 싸인펜, 검정 볼펜

* 응시표는 시험장에서 20분전에 신분증 확인 후 교부

2. 2급 필기 세부사항 (구분 헤나아트 2급 필기)

검정기준 헤나아트에 대한 전반적인 이론지식 검정

시험과목	시험유형	기타사항
헤나의 역사 헤나의 이해 유사 비교 분야 문양 피부학 색채학 디자인	객관식 100문항	1) 시험시작 20분전 입실
	합격점수 70점 이상 합격	2) 퇴실 : 시험 시작 후 40분부터 퇴실 가능
	시험시간 14시 ~ 15시 40분 (100분)	

실기시험

1. 2급 실기 응시자 유의사항 (구분 헤나아트 2급 실기)

응시자격 2급 필기 합격자

합격점수 1, 2, 3교시 평균 점수 70점 이상

* 단, 각 교시별로 60점 미만의 점수가 있을 경우 불합격

주의사항

1) 응시원서에 필수기재사항 기재

2) 사진부착 및 자격증 발급용 사진 1매 첨부

3) 접수기간 내 접수

4) 시험시작 20분전에 시험 준비 완료
5) 2교시 기초문양 : 한 개라도 미작이 있을 경우 불합격
6) 응시자의 신체부위에 헤나 및 패션타투 시술자국 있을 경우 불합격
7) 인조손에 시술자국이 있을 경우 불합격
8) 블랙헤나 및 전사액 사용 금지
9) 3교시 헤나아트 : 밑그림 없이 바로 시술
 3교시 패션타투 : 립라이너로 밑그림 디자인 후 시술 가능

준비물

1) 신분증(주민등록증, 운전면허증, 여권, 학생증, 주민등록등본)
2) 필기도구 : 검정 볼펜
3) 실기 지정재료 지참(미지참시 감점 : 2007년은 권고사항)

2. 2급 실기 시험시간

교시	시간	시험항목
	13시 40분	신분증 확인, 응시표 교부, 주의사항 전달 20분
1교시	(14시 ~ 14시 30분)	콘제작 30분
2교시	(14시 50분 ~ 15시 40분)	기초 드로잉 문양 50분
3교시	(16시 10분 ~ 17시 10분)	주제 문양의 응용 60분

3. 출제방식

교시	시험항목 세부사항
1교시	콘제작 인도전통 방식의 콘제작
2교시	기초 드로잉 문양 10개의 기초문양 중 4가지 시험 당일 출제
3교시	주제 문양의 응용
1) 10개의 주제문양 중 헤나아트와 패션타투 각 1가지씩 2가지 출제 2) 시험 일주일전 10개의 주제문양에서 출제 주제문양 각 아트별 3가지 사전공지	

4. 교시별 재점 기준

1교시 배점 : 콘제작	
채점항목	배점
헤나반죽 파우더의 반죽상태	50점
정교함과 마감처리 반죽이 새는지의 여부	30점
반죽이 적당한 크기로 나오는지의 여부 테이프 테이핑의 정교함 콘 끝의 막힘 여부 각도와 길이 콘의 적정 각도(30도)	15점

콘의 길이 : 콘지의 3/4 크기 수험자세와 뒷마무리 수험자세 시술 중과 후의 정리 상태	5점
1교시 합계	100점

2교시 배점 : 기초문양 드로잉	
채점항목	배점
문양의 인지도 기초 문양에 대한 인지도	20점
문양의 간격 및 일정성 문양과 문양 사이의 규정 간격	20점
문양의 연결성 문양의 끊김 여부	20점
문양의 수정도 문양 드로잉시 수정 여부	15점
헤나의 굵기 문양 드로잉시 헤나의 굵기 : 1mm ~ 1.2mm	20점
수험자세와 뒷마무리 수험자세 시술자세 : 시험지와 20cm 이상 거리 유지 시술 중과 후의 정리 상태	5점
2교시 합계	100점

* 출제된 4가지 기초문양 중 한가지라도 미작시 불합격

3교시 배점 : 주제문양의 응용	
채점항목	배점
헤나아트 주제의 명확성 명확한 주제를 표현했는지의 여부	20점
장식의 표현도 주제와 장식의 연결성	10점
디자인의 독창성 문양 및 디자인의 독창성 여부	10점
디자인의 완성도 디자인의 전반적인 조화 및 마무리 상태	10점
패션타투 주제의 명확성 명확한 주제를 표현했는지의 여부	10점
장식의 표현도 주제와 장식의 연결성	10점
디자인의 독창성 및 배색 문양 및 디자인의 독창성 여부	15점
색상 및 아트의 선명도 여부 색의 배치 및 칼라 표현 – 레인보우타투 : 5색 이상 사용여부 – 컬러링타투 : 색상제한 없음 작품의 완성도 디자인의 전반적인 조화 및 마무리 상태	10점
수험자세와 뒷마무리 수험자세 시술자세 : 시험지와 20cm 이상 거리 유지 시술 중과 후의 정리 상태	5점
3교시 합계	100점

– 헤나아트와 패션타투 두개 중 한개라도 미작시 불합격
– 헤나아트 : 주제문양과 어울리는 컨셉으로 응용 디자인하여 시술
– 패션타투 : 레인보우타투와 컬러링타투 중 선택하여 주제문양과 어울리는 컨셉으로 디자인하여 시술

5. 헤나아트 2급 실기시험재료 준비물(2008년부터 필수사항)

순번 품명 (최소수량 비고)		
1 헤나파우더 1	11 바디글루 1	21 리퀴드 볼 1
2 레몬즙 1	12 컬러링타투 잉크 5색 이상	22 사각티슈 1 두루마리 휴지 불가
3 티트리오일 1	13 샤이닝파우더 5색 이상	23 가위 1
4 고무볼 1	14 셋팅파우더 1	24 스카치테이프 1
5 스파츌라 1	15 알코올 1	25 검정비닐봉투 1
6 인조손 2 시술자국 없는 것	16 파렛트 1	26 면봉 1
7 콘비닐 2 15cm X 15cm	17 파우더 브러쉬 1	27 앞치마 1 무늬 없는 것 (학원, 학교용 가능)
8 콘 거치대 1	18 세필브러쉬 1개 이상	28 수건 1 흰색 제외
9 오렌지우드스틱 1	19 글루리무버 1	29 립라이너 1
10 레인보우타투 글리터 12색 이상	20 브러쉬크리너 1	30 사각 또는 원형 쟁반 1 낱개재료 진열용

이상의 재료는 모두 재료가방 또는 킷트박스에 담아 보관하며 이동한다.

※ 시험시 실기 시험 재료를 테이블에 먼저 정리정돈한다. 이 때 재료들이 얼마나 위생적으로 깔끔히 보관되어 졌는지와 청결 상태, 재료들이 정확히 갖추어져 있는지를 확인한다.

참고 문헌 및 사이트

AILEEN MARRON(1998) The Henna Body ART Book, Journey editions

LORETTA ROOME(1998) 〈Henna〉Mehndi -The Timeless art of Henna Painting, ST. Matin's Griffin

Carine Fabius Mehndi: The Art of Henna Body Painting

Published by Three Rivers Press

Alex Morgan Spellstone Africa (Henna Books: Patterns, History, and Traditions)

Alissa Hall Indian Designs for the Aspiring Henna Artist

Alex Morgan Spellstone Patternbook One ~ Tribal ~ Part II

Sumita Batra, Liz Wilde The art of mehndi

Rudolf Koch(1995) The Book of Sign Dover Publications

Gregory Mirow(1997) Traditional African Designs

Dover Publications

Gregory Mirow(1999) Ancient Mexican Designs

Dover Publications

〈한국전통문양집〉 안그라픽스

김봉인 (2002) 〈피부과학〉 형설출판사

강민기 · 김현숙 · 윤희상 · 이선재 · 이숙희 · 장경의 공저(2006). 한국미술문화의 이해. 예경.

구미래(2000). 한국인의 상징세계. 교보문고.

김원룡(1995). 한국의 미- 민화. 서울. 중앙일보사.

김지희 · 정윤희 · 황윤정(2006). 20세기 화장 문화사. 도서출판 경춘사.

김철순(1978). 민화란 무엇인가. 서울. 중앙일보사.
김춘일 · 박남희(1994). 조형의 기초와 분석. 미진사.
박춘심(2001). Make-up. 광문각.
오세희(2005). 스타일 메이크업. 성안당.
윤열수(2004). 민화이야기. 디자인하우스.
윤영숙 외 (2000) 미용인을 위한 피부과학 동화기술
임두빈(1997). 민화란 무엇인가. 서문당.
원동석(1985). 민족미술의 논리와 전망. 서울. 풀빛.
조오순 · 남육숙 · 박혜원 · 오인영 · 박은정 공저(2005). 함께 알아보는 패션 그리고 뷰티 이야기. 도서출판 경춘사.
최금역. 고구려 고분벽화. 서문당.
칸딘스키 · 차봉희역(1998). 점 선 면. 열화당.
허균(1999). 전통미술의 소재와 상징. 교보문고.
www.earthhenna.com
www.hennapage.com
www.naver.com
www.firstviewkorea.co.kr
www.vogue.com
네이버 잡지
www.hennart.or.kr
www.tatong.co.kr